JN028311

電気通信主任技術者試験

これなら受かる

電気通信システム

改訂3版

オーム社［編］

まえがき

現在，通信ネットワークの利用は，日常生活，企業活動の双方において，欠かせないものとなっています．この通信ネットワークを支えている企業は電気通信事業者と呼ばれており，利用者がいつでも情報通信を活用できるようにインフラ整備や設備管理を行っています．

電気通信事業者は，事業用電気通信設備を，総務省令で定める技術基準に適合するように維持していくために，電気通信設備の工事や維持及び運用の監督にあたることが義務付けられています．これらの監督業務を行うのが電気通信主任技術者で，その資格証として，伝送交換設備とそれに附属する設備の工事，維持及び運用に関する監督を行う「伝送交換主任技術者資格者証」と，線路設備とそれに附属する設備の工事や維持及び運用に関する監督を行う「線路主任技術者資格者証」があります．

資格試験では，次の 3 科目が試験科目になっています（ただし，受験者が既に有している資格，合格している科目の有無，学歴と実務経験によって受験が免除される科目があります）．

- 電気通信システム
- 伝送交換設備及び設備管理，または線路設備及び設備管理
- 法規

本書は，上記の試験科目のうち，「電気通信システム」で実際に出題された問題の解答と解法の例について述べるものです．試験は毎年 7 月と 1 月の 2 回実施されますが，本書では，平成 29 年度から令和 4 年度までの 5.5 年間，11 回（令和 2 年度第 1 回は中止）の試験に出題された問題について解説しています．

本書の特徴は，技術分野ごとに過去問の解説を行っていることです．これによって，読者が試験問題の出題傾向を把握し重点的な対策がとれるようにしています．また，問題解説では，解答に至るまでの思考に沿った詳しい説明と関連の技術情報が記載され，試験対策に必要十分な解説がコンパクトにまとめられています．

これによって，これから試験対策の学習を始める読者にとっては，出題対象の技術分野や学習の進め方がわかりやすくなり，また，既に学習を進めてきた読者にとっては，自己の苦手分野を把握し，それらを含めたスキルの向上に役立つも

のと考えています．

さらに，最後の１回分を本試験の形式と同様に出題順で掲載し，腕試しをできるようにしました．

試験対策には本書のほかに，必要に応じて関連の書籍も合わせて学習することが必要と思いますが，本書では，解答に必要な技術知識も記載しているため，学習対象の技術分野の把握と関連する他の書籍の選択にも有効と考えています．

本書を読み通すことで，読者の皆様が電気通信主任技術者の資格を取得できることを心より願っています．そして，その力をもって，今後も発展が続く通信ネットワークを支える技術者としてのさらなる力を身につけていただきたく思います．

令和５年３月

オーム社

I 試験の概要

試験概要

「電気通信主任技術者試験」は，一般財団法人日本データ通信協会（JADAC）に属する電気通信国家試験センターが実施しています．ここでは，電気通信主任技術者試験の他に「電気通信工事担任者試験」の国家資格試験が扱われています．

以下では，電気通信国家試験センターの Web サイトに記載されている内容を一部抜粋して概要を示します．詳しくは，同サイトの電気通信主任技術者試験のページ（https://www.dekyo.or.jp/shiken/chief/）を参照してください．

電気通信主任技術者について

電気通信主任技術者は，電気通信事業を営む電気通信事業者において，電気通信ネットワークの工事，維持及び運用を行うための監督責任者です．

電気通信事業者は，管理する事業用電気通信設備を総務省令で定める技術基準に適合するよう，自主的に維持する必要があります．そのために，電気通信事業者は，電気通信主任技術者を選任し，電気通信設備の工事，維持及び運用の監督にあたらなければなりません．

資格者証の種類

電気通信主任技術者資格者証の種類は，ネットワークを構成する設備に着目して，「伝送交換主任技術者資格者証」と「線路主任技術者資格者証」の２区分に分かれています．また，各資格により監督する範囲が次のように決められています．

資格者証の種類	監督の範囲
伝送交換主任技術者資格者証	電気通信事業の用に供する伝送交換設備及びこれに附属する設備の工事，維持及び運用
線路主任技術者資格者証	電気通信事業の用に供する線路設備及びこれらに附属する設備の工事，維持及び運用

受験資格

特に制限はありません．誰でも受験することができます．

試験の種類

試験の種類は，次の二つがあります．

1. 伝送交換主任技術者試験
2. 線路主任技術者試験

試験の科目

「伝送交換主任技術者試験」および「線路主任技術者試験」で出題される科目は，次の３科目となります．

- 法規
- 伝送交換設備及び設備管理（又は線路設備及び設備管理）
- 電気通信システム

※専門的能力は令和３年度試験から廃止．一部が設備及び設備管理に取り込

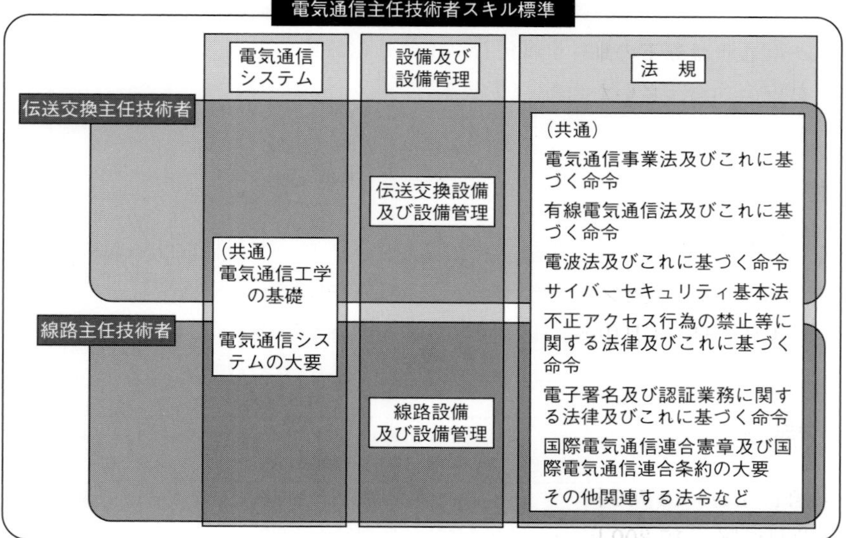

まれました．

なお，一定の資格又は実務経験を有する場合には，申請による試験科目の免除制度があります．

試験時間

試験時間は，次のようになっています．

科目	試験時間
法規	80 分
伝送交換設備及び設備管理 （又は線路設備及び設備管理）	150 分
電気通信システム	80 分

試験実施日と試験実施地

試験は，例年 2 回実施されます．

第 1 回：7 月の日曜日

第 2 回：翌年の 1 月の日曜日

試験実施地は以下の地区です．実施地は変更になる場合があります．

札幌，仙台，さいたま，東京，横浜，新潟，金沢，長野，名古屋，大阪，広島，高松，福岡，熊本及び那覇

受験申込み

電気通信国家試験センター Web サイトの電気通信主任技術者試験のページから申請

夏：4 月 1 日～4 月中旬　　冬：10 月 1 日～10 月中旬

試験手数料

全科目受験　18 700 円　　2 科目受験　18 000 円

1 科目受験　17 300 円　　全科目免除　9 500 円

合格基準

「法規」「電気通信システム」は100点満点で，合格点は60点以上です．

「伝送交換設備（または線路設備）及び設備管理」は150点満点で，合格点は90点以上です．

試験科目の試験免除について

資格，科目合格，実務経歴，認定学校修了によって，試験科目の免除を受けることができます．詳細は，電気通信国家試験センターWebサイトの「電気通信主任技術者試験 / 試験免除」のページ（https://www.dekyo.or.jp/shiken/chief/guide/294）を参照するか，（一財）日本データ通信協会にお問い合わせください．

試験についてのお問合せ先

一般財団法人　日本データ通信協会　電気通信国家試験センター
〒170-8585　東京都豊島区巣鴨2-11-1　ホウライ巣鴨ビル6F
shiken@dekyo.or.jp
TEL：03-5907-6556

II 試験の出題範囲と出題傾向

出題範囲（電気通信システム）

「電気通信システム」における出題範囲は，次のようになっています．

大項目		中項目		小項目	
1	電気通信工学の基礎	1	電気工学の基礎	1	電磁気学
				2	電気回路（直流回路）
				3	電気回路（交流回路）
		2	通信工学の基礎	1	電子回路・デジタル回路
				2	光通信用素子
				3	計測
				4	通信理論
2	電気通信システムの大要	1	電気通信システムの基礎理論	1	伝送の基礎
				2	交換の基礎
				3	無線の基礎
				4	通信電力の基礎
				5	通信ネットワークの基礎
				6	IP ネットワークの基礎
				7	通信線路の基礎
		2	電気通信システムの構成	1	電気通信網
				2	移動通信網

出題傾向

本書では，過去 5.5 年間計 11 回に出題された問題を 10 の技術分野に分け，さらにそれらをいくつかの科目に分類し，科目ごとに，最近の試験問題（令和 4 年度第 1 回）から新しい順に解説を記載しています．また，最近の 1 回分（令和 4 年度第 2 回）の問題と解説を巻末に出題順に記載しています．

電気通信主任技術者の試験問題では，全く同じ問題，または計算問題でパラメータの数値が一部異なりますが解法が同じ問題が，別の時期の試験で出題されることがあります．本書ではこのような問題については解説の記述を省略し，省略した問題の出題時期を他の同様問題の解説の中に明記しました．

科目ごとの問題出題状況の一覧を表に示します（表内の表記は，「問番号（小問番号）」を表します）．なお，令和 2 年度第 1 回の試験は中止されました．

「電気通信システム」の問題出題状況

技術分野	出題科目	出題状況 令和 4 年度 第2回	令和 4 年度 第1回	令和 3 年度 第2回	令和 3 年度 第1回	令和 2 年度 第2回	令和元年 / 平成 31 年度 第2回	令和元年 / 平成 31 年度 第1回	平成 30 年度 第2回	平成 30 年度 第1回	平成 29 年度 第2回	平成 29 年度 第1回
1 章　電磁気・電気回路												
	1-1 電磁気学		問 1		問 17						問 1	
	1-2 合成抵抗	問 2	問 2	問 2	問 6	問 2	問 2			問 6	問 2	問 2
	1-3 静電誘導・電磁誘導			問 1	問 1		問 1	問 1	問 1			問 1
	1-4 その他回路素子	問 3	問 16									問 16
	1-5 交流回路				問 2	問 19	問 3	問 2	問 2	問 2		
2 章　電気計測												
	2-1 電流計			問 6		問 1 問 6	問 6				問 6	問 6
	2-2 電圧計・電力系	問 6	問 6					問 6	問 6			
3 章　電子回路												
	3-1 増幅回路		問 3	問 3				問 3	問 3		問 3	
	3-2 ダイオード・トランジスタを使用した論理回路					問 3	問 4			問 3		問 3
	3-3 論理回路	問 4	問 4	問 4	問 4	問 4		問 4	問 4	問 4	問 4	問 4
4 章　伝送技術												
	4-1 伝送特性		問 7		問 7		問 7	問 7				
	4-2 雑音	問 7		問 8	問 8	問 7					問 7 問 8	問 8
	4-3 伝送路の SN 比			問 7					問 7			
	4-4 アナログ伝送路の電力					問 8	問 8					
	4-5 伝送路符号化	問 5						問 9	問 5			
	4-6 情報源符号化			問 9				問 5		問 5		問 9
	4-7 アナログ伝送	問 8	問 8		問 3			問 8	問 8	問 8		

技術分野	出題科目	出題状況										
		令和4年度		令和3年度		令和2年度	令和元年／平成31年度		平成30年度		平成29年度	
		第2回	第1回	第2回	第1回	第2回	第2回	第1回	第2回	第1回	第2回	第1回
	4-8 デジタル伝送	問9	問5 問9			問5	問5 問9		問9	問9	問9 問13 問16	問5
	4-9 光ファイバ	問18 問20	問18 問20	問18	問18 問20	問18	問18	問18	問18	問18	問20	問18 問20
	4-10 光通信	問1				問9 問20			問20	問1	問18	
	4-11 メタリックケーブル			問20			問20			問7 問20		
5章 無線通信技術												
	5-1 移動通信			問17			問12				問17	
	5-2 無線LAN		問13 問17	問5				問13		問17	問5	
	5-3 衛星通信	問17				問17			問17			
	5-4 アンテナ						問17	問17				問17
6章 ネットワーク技術												
	6-1 ネットワーク構成	問13	問12		問13 問12		問13		問13	問12	問12	問13
	6-2 電話網と電話交換機	問15	問10 問15	問12 問15	問15	問15		問10 問15		問13	問15	問10
	6-3 トラヒック理論	問11	問11	問11	問11	問11	問11	問11	問11	問11	問11	問11
	6-4 番号方式		問14			問14	問14	問14	問14			
	6-5 アクセスシステム	問12		問13	問5			問20				問12
	6-6 その他			問10				問12		問10 問15		問7
7章 インターネット（TCP/IP）												
	7-1 IPネットワーク基本方式	問14		問14 問16	問9 問10 問14	問16	問10			問14	問14	問14
	7-2 運用とサービス	問16			問16	問12 問13	問16	問16	問12 問16	問16		
	7-3 IP電話	問10				問10	問15		問10 問15		問10	問15
8章 電力設備												
	8-1 電源設備	問19		問19			問19	問19		問19	問19	問19
	8-2 その他		問19		問19				問19			

（注）網掛け部分は，他に同様の問題があるため，本書内では記載を省いた．

III 本書の使い方

紙面構成

本書では，穴埋めや選択の問題については答えに関係する箇所に下線を付しています．また，試験問題の解答や学習に役立てていただくために，各問題の解説と一緒に次の事項を記載しています．

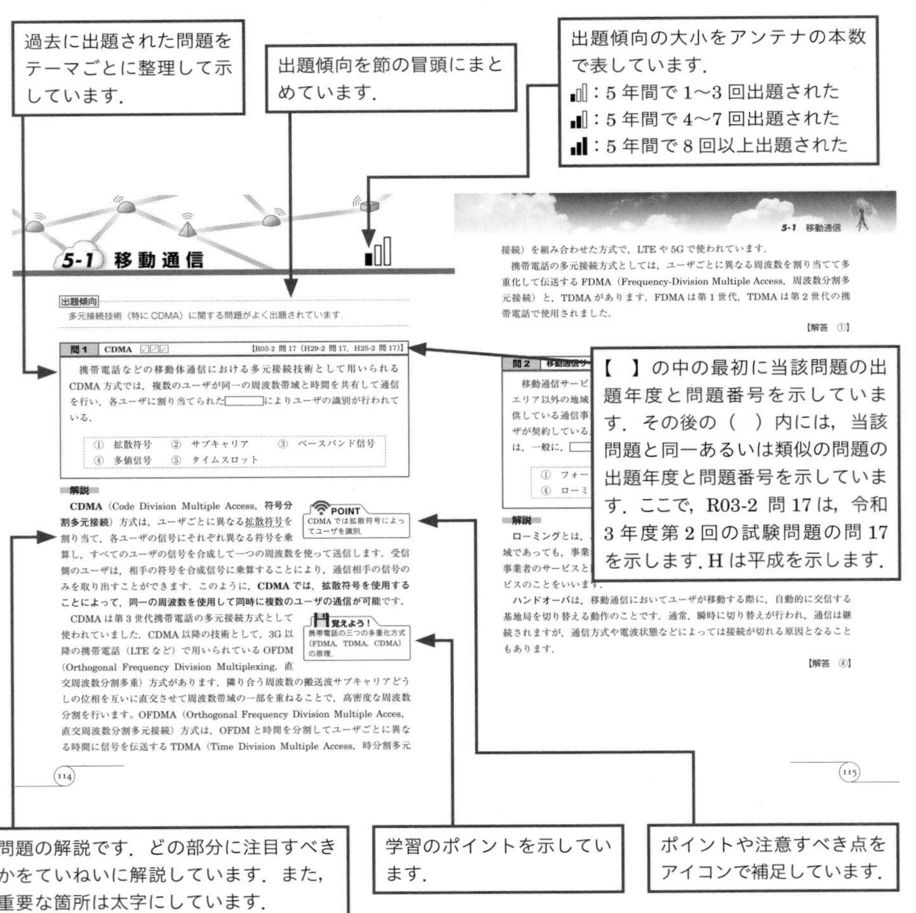

本書で使用しているアイコン

学習のポイント部分です．

問題を解く上で注意すべき部分を示します．

問題に関連する技術知識を補足しています．

問題の解答で考慮すべきポイント，ヒントなどを示します．

注意しよう！

本書では，平成 26 年度の試験問題から一部の図記号が新 JIS 記号に改められたことを受け，抵抗器などの図記号を新 JIS 記号に統一しています．

目　次

4章 伝送技術

5章 無線通信技術

6章 ネットワーク技術

7章 インターネット（TCP/IP）

8章 電 力 設 備

1 章
電磁気学・電気回路

本章の出題項目

1-1　電磁気学
1-2　合成抵抗
1-3　静電誘導・電磁誘導
1-4　その他回路素子
1-5　交流回路

1-1 電磁気学

出題傾向

帯電体の間の力，電界強度に関する問題が出されています．

問1　**電磁力（帯電体の間の力）**　☑☑☑　【R04-1 問1（H29-2 問1，H25-1 問1）】

図に示すように，空気中においてそれぞれ同じ大きさの電荷を持つ帯電体A，B及びCを正三角形の頂点に置いたとき，帯電体Cに働く力の方向を示している矢線として正しいものは，［　　　］である．ただし，電荷 Q_1 は負の電荷，電荷 Q_2 及び Q_3 は正の電荷を持つものとする．

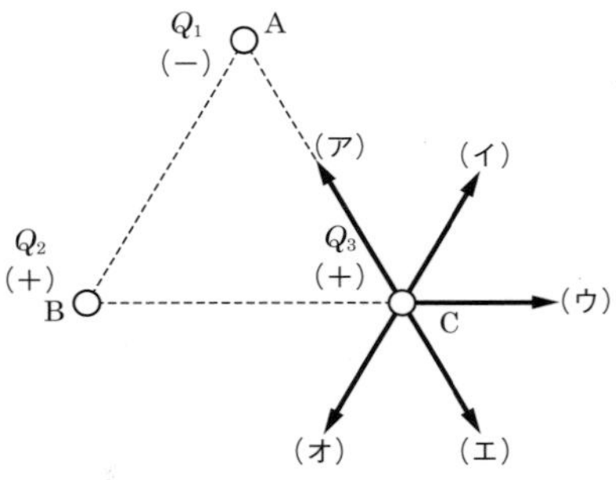

①（ア）　②（イ）　③（ウ）　④（エ）　⑤（オ）

解説

BとCの電荷は同じ（+）であるため，**BによりCに働く力は斥力**で，（ウ）の方向に働きます．AとCの電荷は異なるため，**AによりCに働く力は引力**で，（ア）の方向に働きます．二つの力を合成すると，（イ）の方向となります．

POINT
（ア）と（ウ）の力の合成はベクトルの和として求める．

【解答　②】

問 2　無線通信における電界強度　☑☑☑　【R03-1 問 17（H27-2 問 17）】

無線通信における電界強度は，実用単位として〔V/m〕，又は〔μV/m〕で表されるが，これは1メートル当たり何ボルトの，又は，何マイクロボルトの[　　　　]の差があるかを示すものである．

① 空間電位　② 絶対利得　③ 放射電力
④ 散乱電力　⑤ 偏波特性

解説

点Aにおける電位と点Bにおける電位の差は，AとBの電位差と呼ばれ，単位は電圧と同様「V（ボルト）」が使用されます．また，AとBが空中の点の場合，「空間電位」と呼ばれます．単位距離〔m〕当たりの電位〔V/m〕で表されます．

【解答 ①】

1-2 合成抵抗

出題傾向

合成抵抗の算出の問題では，回路の対称形を考慮し単純化する問題が多く出されています．ブリッジ回路の平衡条件を利用した問題も，比較的多く出されています．

問 1　**ブリッジ回路**　☑☑☑　【R04-1 問 2（H28-2 問 2，H22-2 問 2）】

図に示す回路において，各抵抗の値が全て同一の 5〔Ω〕であるとき，端子 A－B 間の合成抵抗は，＿＿＿〔Ω〕である．

① 1　② 2　③ 3　④ 4　⑤ 5

解説

問題の回路は**図 1** の（a），（b），（c）のように書き換えることができます．

（c）は**ブリッジ回路で，全抵抗の値がすべて等しいため，平衡条件を満たします．**このため，図 1 の（d）のように書き換えることができます．

図 2 に示すように，回路の並列部分の抵抗値が線対称となっている場合，当該回路は，対称になっている回路の半分を削除し，残りの回路の抵抗値を 1/2 にしたものと同等になります．

図 1 の（d）の回路では $2R$ の 1/2，つまり $R = 5$〔Ω〕が回路全体の抵抗値になります．

POINT

合成抵抗の問題ではわかりやすい形に回路を書き換えることが必要．

覚えよう！

ブリッジ回路の平衡条件を利用すると回路が簡単になり，合成抵抗を容易に求めることができる．

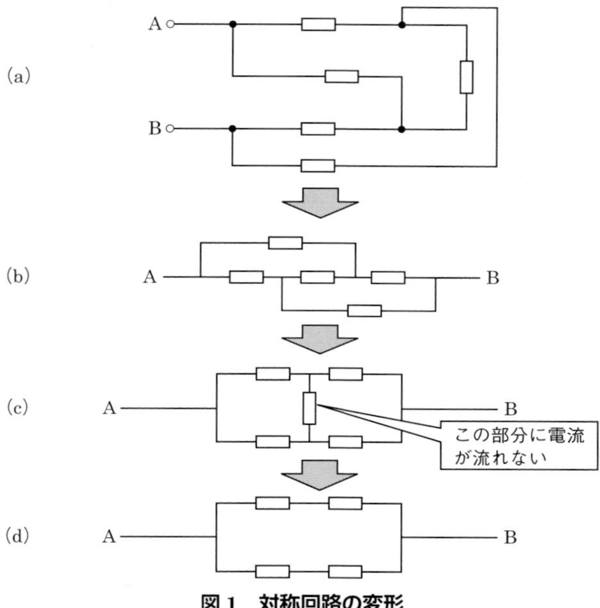

図1　対称回路の変形

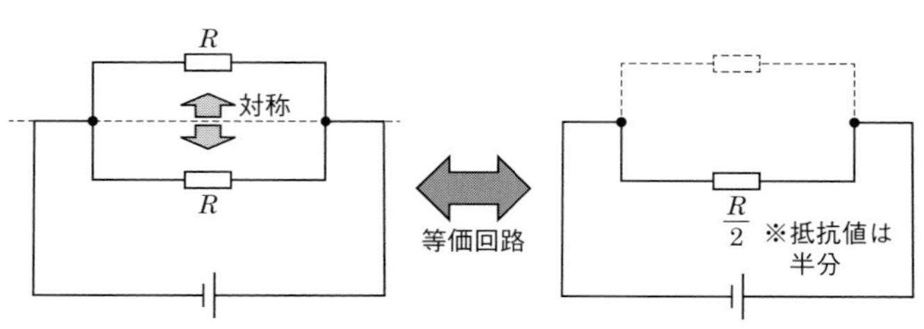

図2　対称回路の簡略化

【解答　⑤】

問2　**対称回路**　　【R03-2 問2（H28-1 問2，H24-2 問2）】

図に示す12個の抵抗によって構成された回路において，各抵抗の値が全て同一の2.0〔Ω〕であるとき，端子A－B間の合成抵抗は，☐〔Ω〕である．

①　2.0　　②　2.5　　③　3.0　　④　3.5　　⑤　4.0

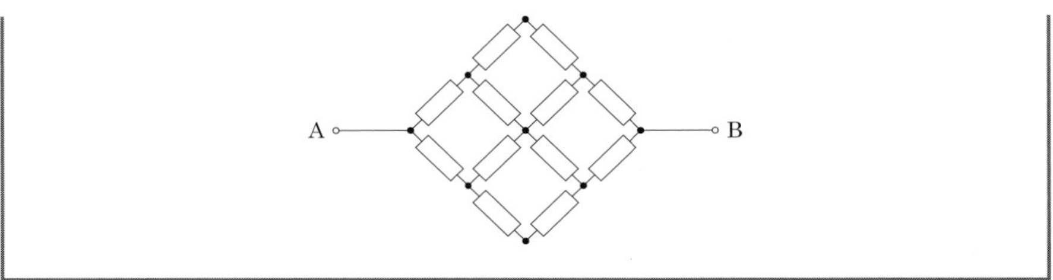

解説

この問題の回路は，**図1**(a)のように書き換えることができます．図1(a)で，**回路は対称形で平衡しているため**，C_1点とC_2点の間には電流は流れません．このため，図1(b)のように書き換えることができます．

回路が対称形で平衡している場合，中心部分を切り離して回路図を単純化．

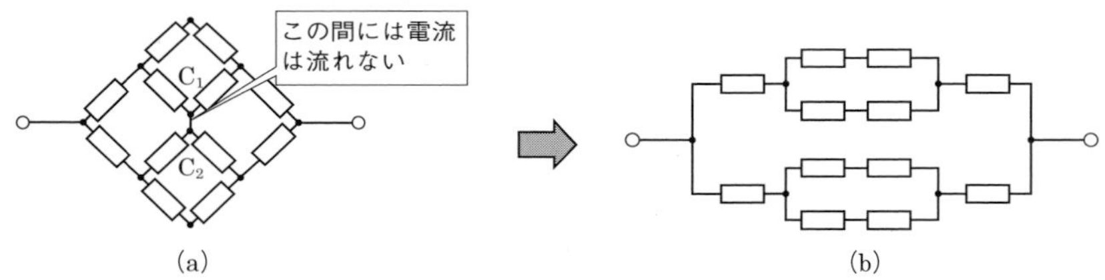

(a)　(b)

図1　対称回路の変形

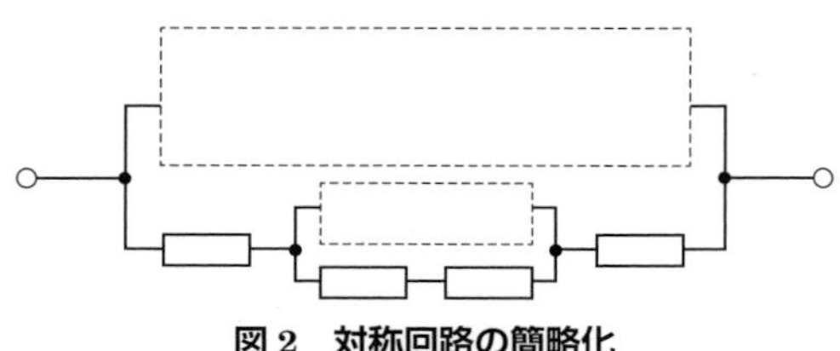

図2　対称回路の簡略化

さらに本節 問1の解説で述べた線対称の回路の簡略化の方法を用いると，**図2**の点線枠で囲まれた部分は無視して，以下のように計算できます．

全体の抵抗の値をR_aとすると，

$$R_a=\frac{\left(2+\dfrac{2+2}{2}+2\right)}{2}=3$$

覚えよう！

抵抗が直列，並列の場合の合成抵抗の基本式．回路が対称形である場合は，中心部分を切り離して回路を単純化することで合成抵抗が簡単に求められること．

【解答　③】

問 3	**ブリッジ回路** ☑☑☑	【R03-1 問 6（H30-1 問 6，H27-1 問 6）】

図に示すブリッジ回路において，R_A が 1,000〔Ω〕，R_B が 10〔Ω〕，R_C が 2〔Ω〕，C_C が 1〔μF〕のときブリッジ回路は平衡している．このときの C_X は ☐〔μF〕である．

① 0.01　② 0.02　③ 5　④ 10　⑤ 20

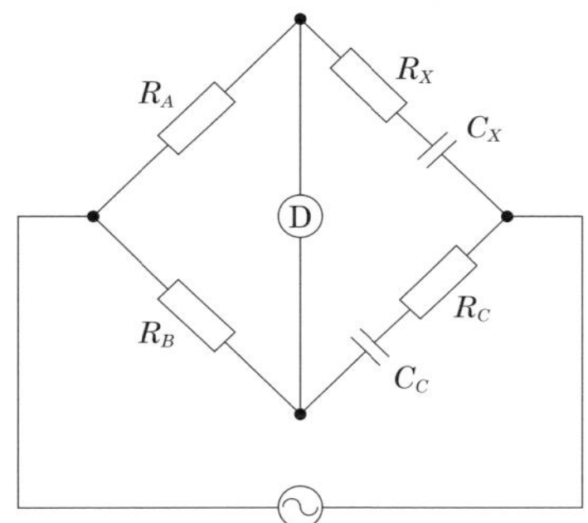

解説

ブリッジが平衡している場合，**図 1** のⒶとⒷ間の電位差は 0 で，Ⓓの部分には電流は流れません．この場合，抵抗 R_A と R_X に流れる電流を I_1，抵抗 R_B と R_C に流れる電流を I_2 とすると，$R_A I_1 = R_B I_2$，$R_X I_1 = R_C I_2$ となります．これより

$$\frac{I_1}{I_2} = \frac{R_B}{R_A} = \frac{R_C}{R_X} \text{で，} R_X = \frac{R_A}{R_B} R_C = \frac{1000}{10} \times 2 = 200 \text{〔Ω〕}$$

また，コンデンサにかかる電圧は，電流の $\dfrac{1}{\omega C}$ 倍（ω：角周波数，C：コンデンサの静電容量）であるため，図 1 のⒶ－Ⓔ間，Ⓑ－Ⓔ間の電圧の大きさ，位相とも同じになるためには，**図 2** より，$\dfrac{I_1}{I_2} = \dfrac{R_C}{R_X} = \dfrac{C_X}{C_C}$．

これより，$C_X = \dfrac{R_C}{R_X} C_C = \dfrac{2}{200} \times 1 = 0.01$〔μF〕

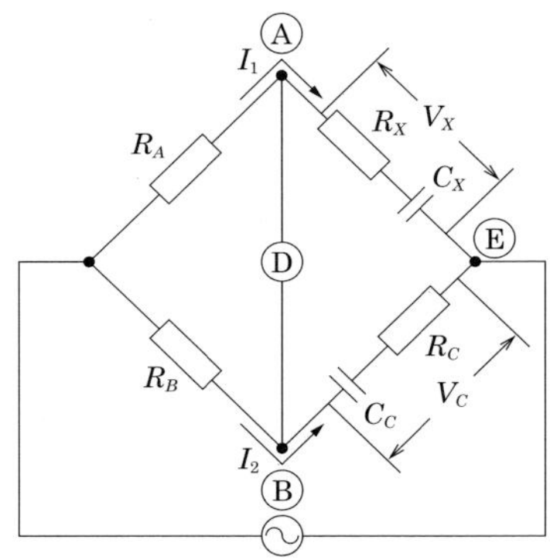

図1　ブリッジ回路の構成

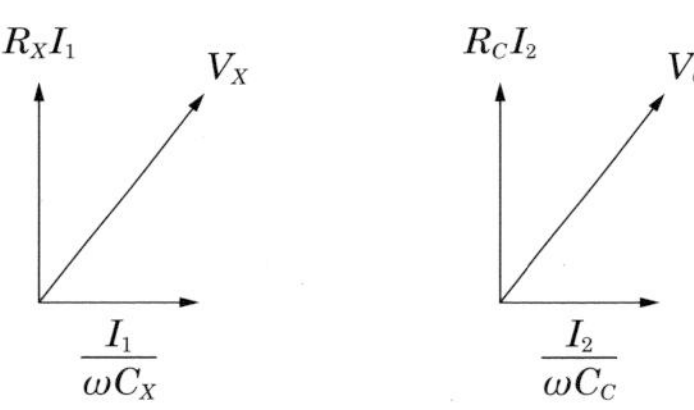

図2　ブリッジ回路のコンデンサ周りの電圧と電流

参考

交流電源とコンデンサを接続した回路の電圧と電流の関係は，$Q=CV$ より，また，電流は電荷 Q の流れであるため，電圧 $V=V_0 \sin \omega t$ とすると

$$I=\frac{dQ}{dt}=CV_0 \frac{d \sin \omega t}{dt}=\omega CV_0 \cos \omega t=\omega CV_0 \sin\left(\omega t+\frac{\pi}{2}\right)$$

これより，コンデンサの周りの電圧 V の振幅は$\frac{1}{\omega C}$で，位相は電流より，$\frac{\pi}{2}$だけ遅れます．

【解答　①】

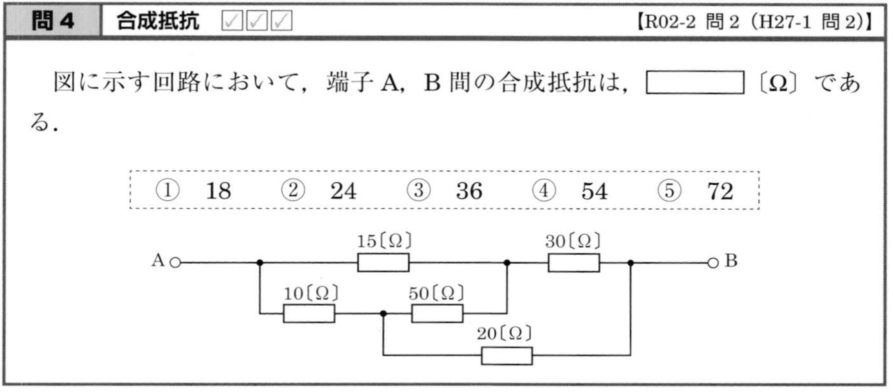

問 4　合成抵抗　【R02-2 問 2（H27-1 問 2）】

図に示す回路において，端子 A，B 間の合成抵抗は，［　　］〔Ω〕である．

① 18　② 24　③ 36　④ 54　⑤ 72

解説

問題の回路は**図**(a)のように書き換えることができます．この構成の回路はブリッジ回路です．

本問題では，図(a)で，$R_1=15$〔Ω〕，$R_2=30$〔Ω〕，$R_3=10$〔Ω〕，$R_4=20$〔Ω〕であるため，$\boldsymbol{R_1R_4=R_2R_3}$**という平衡条件を満たします**．この場合，中心の抵抗回路 R_5（50〔Ω〕）には電流は流れないため，回路は図(b)のように書き換えることができます．

POINT
ブリッジ回路の場合，平衡条件になるか確認．

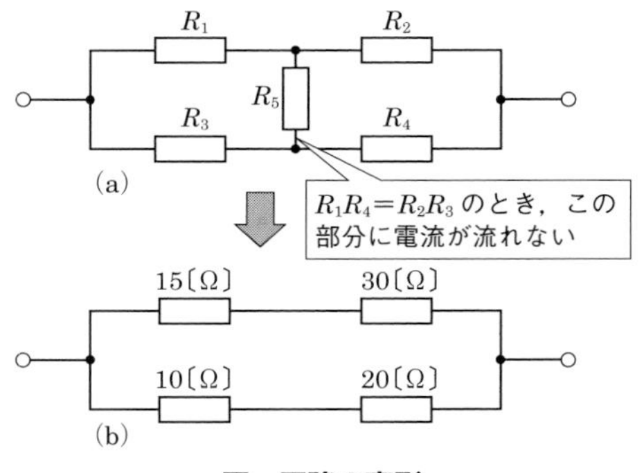

図　回路の変形

POINT
直列接続の場合の合成抵抗 $R=R_1+R_2$，並列接続の場合の合成抵抗 $\dfrac{1}{R}=\dfrac{1}{R_1}+\dfrac{1}{R_2}$ の式を使用して合成抵抗を求める．

覚えよう！
ブリッジ回路の合成抵抗を求める問題で，問題に記載されている回路がブリッジ回路か判別し，わかりやすく書き換える方法．

図(b)で，合成抵抗 R は

$$\frac{1}{R}=\frac{1}{45}+\frac{1}{30}=\frac{2+3}{90}=\frac{1}{18}$$

よって，$R=18$〔Ω〕

【解答　①】

問5　対称回路　☑☑☑　【R01-2 問2（H26-2 問2）】

図に示すように，一辺が r〔Ω〕の電熱線で作った正方形の対角線をそれぞれ同じ線種の電熱線で結んだ回路の a－b 間の合成抵抗値は，[ ]〔Ω〕である．

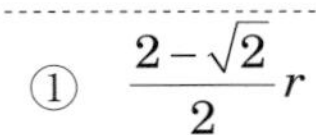

① $\dfrac{2-\sqrt{2}}{2}r$　② $\dfrac{r}{2}$　③ $\dfrac{2r}{3}$　④ $\dfrac{3-\sqrt{2}}{2}r$　⑤ $\dfrac{3r}{2}$

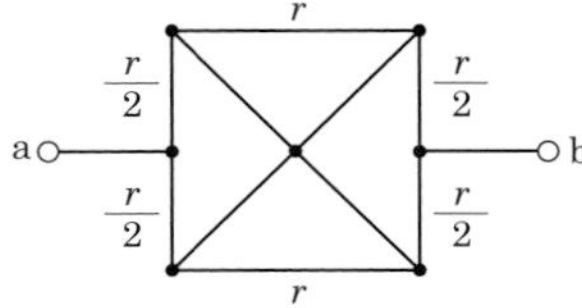

解説

正方形の対角線部分でも各辺と同じ線種の電熱線を使用するため，対角線部分の抵抗は**図**(a)のようになります．この回路図は図(b)のように書き換えることができます．

POINT
回路図をわかりやすく書き直してみる．

図(b)の回路では，**抵抗の上部分と下部分が対称**であるため，図(c)のように書き換えることができます．

POINT
対称形の場合，中心部分を切り離して計算しやすい回路図に変える．

まず，図(c)の回路のうち，図(d)の部分の抵抗 R_1 を計算します．

$$\frac{1}{R_1}=\frac{1}{r}+\frac{1}{\dfrac{r}{\sqrt{2}}+\dfrac{r}{\sqrt{2}}}=\frac{1}{r}+\frac{1}{\sqrt{2}r}=\frac{2}{2r}+\frac{\sqrt{2}}{2r}=\frac{2+\sqrt{2}}{2r}$$

$$R_1=\frac{2r}{2+\sqrt{2}}=(2-\sqrt{2})r$$

これより，回路図(c)の抵抗

$$R=\frac{r+R_1}{2}=\frac{(1+2-\sqrt{2})r}{2}=\frac{(3-\sqrt{2})r}{2}\ 〔\Omega〕$$

【解答　④】

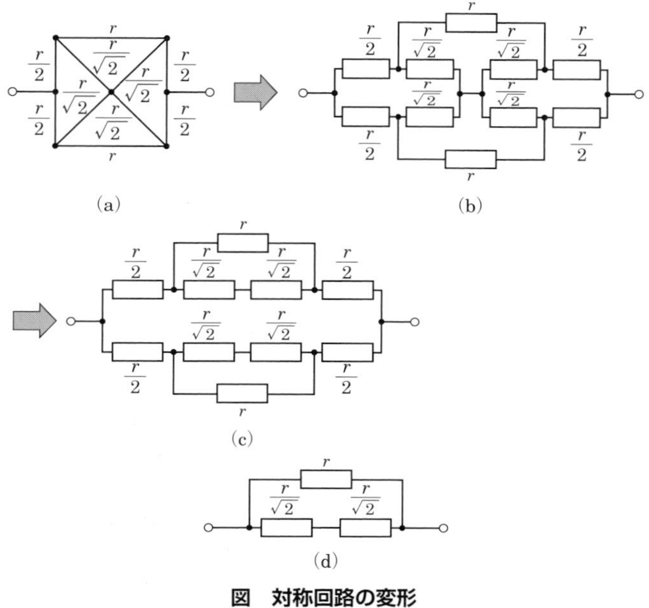

図 対称回路の変形

問 6	対称回路	【H29-2 問 2 (H24-1 問 2)】

図に示す回路において，各抵抗の値がそれぞれ 12〔Ω〕であるとき，端子 A－B 間の合成抵抗は，［　　　］〔Ω〕である．

① 6　② 12　③ 16　④ 18　⑤ 20

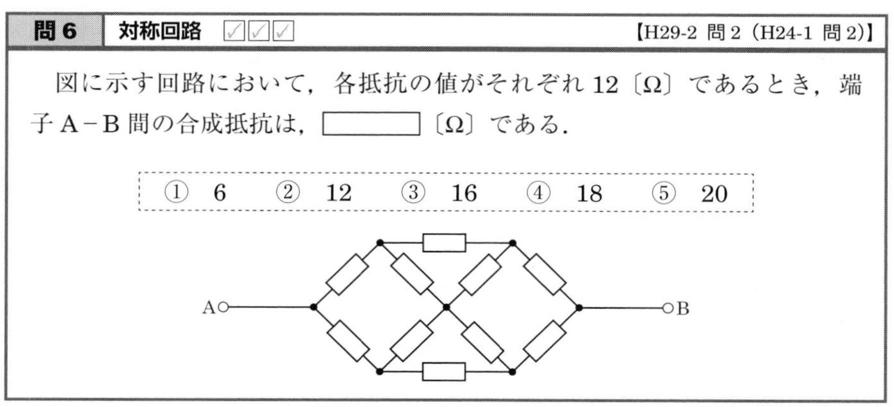

解説

本問題の回路は，本節 問 2 の回路と同様に対称形であるため，同じ考え方で解くことができます．問題の回路を示す**図**(a)は図(b)のように書き換えることができます．さらに線対称の回路の簡略化の方法を用いると，図(c)の点線枠で囲まれた部分は無視して，以下のように計算できます．

全体の抵抗の値を R_a，図(c)の網掛部の抵抗の値を R_1 とすると

$$\frac{1}{R_1}=\frac{1}{12}+\frac{1}{12+12}=\frac{1}{8}$$

より $R_1=8$〔Ω〕.

$$R_a=\frac{12+8+12}{2}=16〔\Omega〕$$

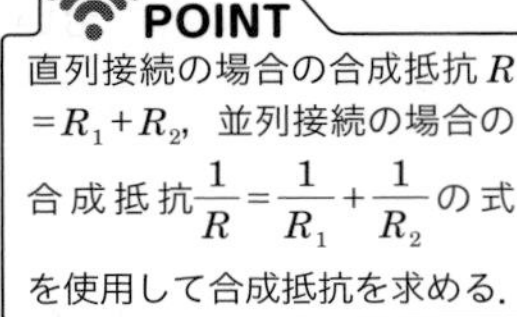

【解答　③】

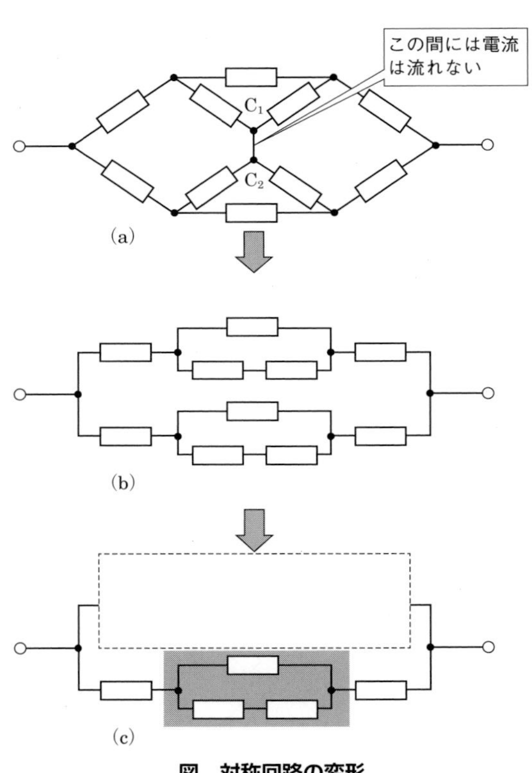

図　対称回路の変形

問 7	ブリッジ回路	【H29-1 問 2（H23-1 問 2）】

図に示す回路において，スイッチSの開閉にかかわらず全電流 I が 8〔A〕であるときは，抵抗 R_1 及び R_2 の組合せは，である．ただし，電池の内部抵抗は無視するものとする．

① 3〔Ω〕及び 9〔Ω〕　② 4〔Ω〕及び 12〔Ω〕
③ 5〔Ω〕及び 15〔Ω〕　④ 6〔Ω〕及び 18〔Ω〕
⑤ 7〔Ω〕及び 21〔Ω〕

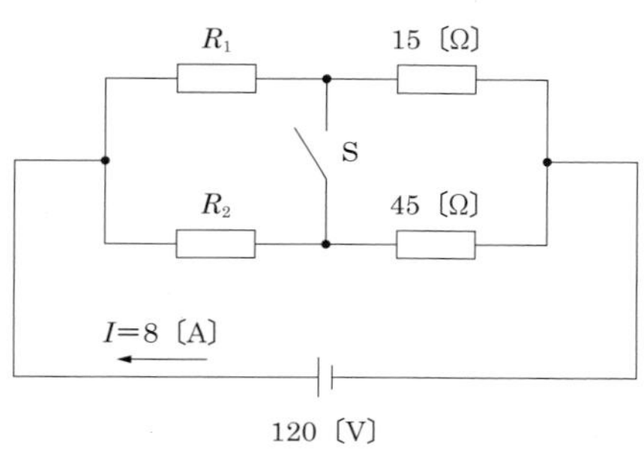

解説

初めに，平衡しているブリッジ回路での合成抵抗の求め方について説明します．図(a)のブリッジ回路でXとYの間に電流が流れない，つまり平衡している場合，$R_1 I_1 = R_2 I_2$，$R_3 I_1 = R_4 I_2$ となります．これらの式より

$$\frac{I_1}{I_2} = \frac{R_2}{R_1} = \frac{R_4}{R_3}$$

（$R_1 : R_2 = R_3 : R_4$，$R_1 R_4 = R_2 R_3$ とも表記される）
となります．

この関係（平衡条件）がある場合，図(a)で，XとYの間の電位差は零になり，R_5 には電流が流れないため，図(a)の回路は，図(b)の回路と等価になります．

1章 電磁気学・電気回路

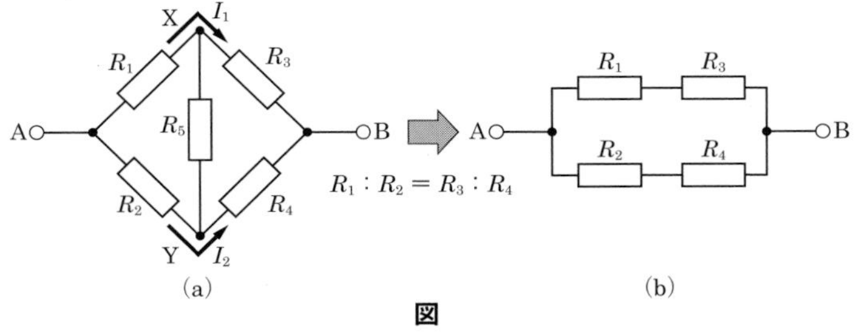

図

次に本問題の解法について説明します．本問題の図で，スイッチSを開いたときと閉じたときとで全電流が同じということは，スイッチSを閉じても，そこで電流が流れない，つまり，**問題図の回路が平衡条件を満たしている**ことを意味します．

もし，スイッチSを閉じた場合に電流が流れるとすると，それはスイッチを開いていたときにはスイッチの両端の電位差が異なっていることを意味します．その場合にスイッチを閉じると，スイッチの一方の端の電位が下がるため，全体の電流が増えます．これは，「スイッチを開いたときと閉じたときとで，流れる電流が同じ」ということに反します．そのため，「スイッチSの開閉にかかわらず全電流が同じ」ということは，スイッチSを閉じても電流が流れないことを意味します．

問題図のブリッジ回路の平衡条件は，$R_1 : R_2 = 15 : 45 = 1 : 3$ となります．$R_2 = 3R_1$ として，全抵抗を求めます．

全抵抗 $R = 120$〔V〕/8〔A〕$= 15$〔Ω〕であるため

$$\frac{1}{R} = \frac{1}{15} = \frac{1}{R_1 + 15} + \frac{1}{3R_1 + 45} = \left(1 + \frac{1}{3}\right)\frac{1}{(R_1 + 15)} = \frac{4}{3(R_1 + 15)}$$

$$R_1 + 15 = \frac{4}{3} \times 15 = 20$$

これより

$R_1 = 5$〔Ω〕，　$R_2 = 15$〔Ω〕

【解答　③】

1-3 静電誘導・電磁誘導

出題傾向

コンデンサを並列接続したときの電圧を求める問題，コンデンサの電極板に働く吸引力やコンデンサに蓄えられるエネルギーを問う問題がよく出されます．

問1　相互インダクタンス　☑☑☑　【R03-2 問1（H29-1 問1）】

透磁率が μ〔H/m〕，磁路の平均の長さが l〔m〕，断面積が A〔m^2〕の環状鉄心に巻数がそれぞれ N_1，N_2 の二つのコイルが巻かれているとき，相互インダクタンス M は，□〔H〕である．ただし，漏れ磁束は無視するものとする．

① $\dfrac{\mu N_1 N_2}{Al}$　② $\dfrac{AN_1 N_2}{\mu l}$　③ $\dfrac{\mu A N_1^2 N_2^2}{l}$

④ $\dfrac{\mu A N_1 N_2}{l}$　⑤ $\dfrac{\mu N_1^2 N_2^2}{Al}$

解説

コイルに流れる電流が変化すると，コイル内部に磁界が発生し，さらにこの磁界により，起電力が発生することを**電磁誘導**といいます．また，**図**のように，一次コイルに発生した磁場が二次コイルに入り，回路2に起電力が発生する現象を**相互誘導**といいます．

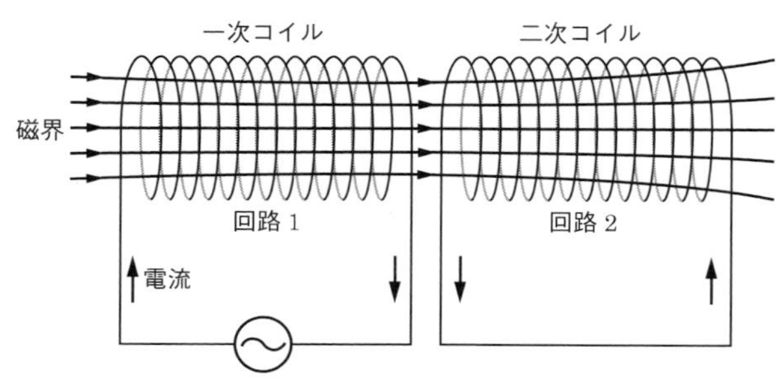

図　相互誘導の回路

図で，回路１に流れる電流の変化と，一次コイルに発生する磁束の変化，回路２に発生する起電力の間には次の関係があります．

> **POINT**
> 透磁率は磁化のしやすさを表し，コイルの中の物質により異なる（コイルに鉄心を入れると透磁率は高くなる）．

磁束の変化　$\dfrac{d\Phi_1}{dt}=\dfrac{\mu AN_1}{l}\dfrac{dI_1}{dt}$

（Φ_1：一次コイルの磁束，μ：透磁率，N_1：一次コイルの巻数，l：一次コイルの長さ，A：一次コイルの断面積，I_1：回路１に流れる電流）

回路２に発生する起電力　$V=N_2\dfrac{d\Phi_2}{dt}$

（Φ_2：二次コイルに入る磁束，N_2：二次コイルの巻数）

問題では漏れ磁束がないことを条件としているため，$\Phi_1=\Phi_2$．よって

$$V=N_2\frac{d\Phi_2}{dt}=N_2\frac{\mu AN_1}{l}\frac{dI_1}{dt}=\frac{\mu AN_1N_2}{l}\frac{dI_1}{dt}$$

相互インダクタンスをMとすると，$V=M(dI_1/dt)$であるため

$$M=\frac{\mu AN_1N_2}{l}$$

となります．

> **覚えよう！**
> 相互インダクタンスは，透磁率とコイルの断面積，一次コイルの巻き密度（単位長当たりの巻数），二次コイルの巻数に比例すること．

【解答　④】

問２　並列接続のコンデンサの電位差　☑☑☑

【R03-1 問１（H28-2 問１，H24-2 問１）】

静電容量がそれぞれC_1〔F〕及びC_2〔F〕である二つのコンデンサが，それぞれV_1〔V〕及びV_2〔V〕の電圧に充電されている場合に，二つのコンデンサの極性を合わせて並列に接続したときのコンデンサの両極間の電位差は，［　　　］〔V〕になる．

① $\dfrac{C_1V_1+C_2V_2}{C_1+C_2}$　② $\dfrac{2(C_1V_1+C_2V_2)}{C_1+C_2}$　③ $\dfrac{C_1V_2+C_2V_1}{C_1+C_2}$

④ $\dfrac{C_1V_1+C_2V_2}{2(C_1+C_2)}$　⑤ $\dfrac{2(C_1V_2+C_2V_1)}{C_1+C_2}$

解説

図は接続前のコンデンサの構成と，並列に接続したコンデンサの構成です．

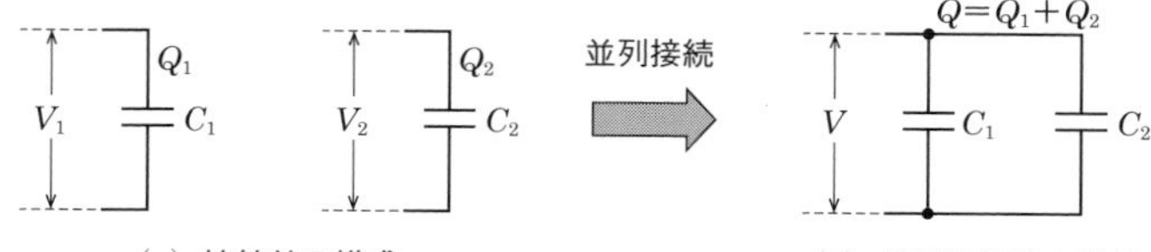

図　コンデンサの並列接続

コンデンサの静電容量（キャパシタンス，単に「容量」ともいう）をC，コンデンサにかかる電圧をVとすると，**コンデンサに蓄えられる電荷$Q=CV$**となります．

> **POINT**
> 接続前と接続後で電位差は変わるが，蓄えられている電荷は変わらない．

また，並列接続されている二つのコンデンサの電荷の和は

$$Q = C_1V + C_2V = (C_1 + C_2)V \tag{1}$$

接続前と接続後で，二つのコンデンサに蓄えられる電荷の和に変化はないため

$$Q = Q_1 + Q_2 \tag{2}$$

接続前の各コンデンサに蓄えられている電荷は

$$Q_1 = C_1V_1, \qquad Q_2 = C_2V_2 \tag{3}$$

式（1）～(3) の関係式を使用して並列接続後の電圧Vを求めます．$Q=Q_1+Q_2=C_1V_1+C_2V_2=(C_1+C_2)V$より

> **覚えよう！**
> 並列接続のときの電荷（Q）と電圧（V），コンデンサの容量（C）の関係式．
> $Q=(C_1+C_2)V$

接続後の電圧　$V = \dfrac{C_1V_1 + C_2V_2}{C_1 + C_2}$ 〔V〕

となります．

【解答　①】

問3　コンデンサの電極間の吸引力 ☑☑☑　【R01-2 問1(H27-2 問1，H24-2 問1)】

電極板の面積が S〔m^2〕，電極板の間隔が d〔m〕の平行板コンデンサの電極間に，誘電率 ε〔F/m〕の絶縁物を満たし直流電圧 V〔V〕を加えたとき，電極板間に働く吸引力は，[　　　]〔N〕である．

① $\dfrac{\varepsilon SV^2}{d^2}$　② $\dfrac{\varepsilon SV^2}{2d^2}$　③ $\dfrac{SV^2}{2\varepsilon d^2}$　④ $\dfrac{2\varepsilon SV^2}{d^2}$　⑤ $\dfrac{2SV^2}{\varepsilon d^2}$

解説

電極板の面積を S〔m^2〕，二つの電極板の間隔を d〔m〕，誘電率を ε〔F/m〕とすると，コンデンサの容量 C〔F〕は，$C=\varepsilon S/d$ と表されます．また，直流電圧を V〔V〕とするとコンデンサに蓄えられるエネルギー W は

$$W=\frac{1}{2}CV^2=\frac{\varepsilon SV^2}{2d}$$

コンデンサの電極板の間隔 d を $(d+\Delta d)$ まで長くした場合に，コンデンサで失われるエネルギーは，$d\gg\Delta d$（d が Δd に比べ十分大きい）とすると

$$\Delta W=\frac{\varepsilon SV^2}{2}\left(\frac{1}{d}-\frac{1}{d+\Delta d}\right)=\frac{\varepsilon SV^2}{2}\left(\frac{\Delta d}{d(d+\Delta d)}\right)\fallingdotseq\frac{\varepsilon SV^2\Delta d}{2d^2}$$

となります．

電極板に働く吸引力 P で Δd だけ電極板を移動させたときに使用されるエネルギー ΔW は

$$\Delta W=P\Delta d=\frac{\varepsilon SV^2}{2d^2}\Delta d$$

これより

$$P=\frac{\varepsilon SV^2}{2d^2}\ \text{〔N〕}$$

> **覚えよう！**
> コンデンサに蓄えられるエネルギーとコンデンサの容量の関係式．
> $W=\dfrac{1}{2}CV^2$，　$C=\dfrac{\varepsilon S}{d}$

【解答　②】

問 4　直列接続のコンデンサの静電容量　【H31-1 問 1（H26-2 問 1）】

厚さ d_1〔m〕，誘電率 ε_1 の板と厚さ d_2〔m〕，誘電率 ε_2 の板とを重ね合わせ，両面に導体の板を付けた面積 S〔m^2〕のコンデンサの静電容量〔F〕の値は，□で表される．

① $\dfrac{S}{\dfrac{\varepsilon_1}{d_1}+\dfrac{\varepsilon_2}{d_2}}$　② $\dfrac{S}{\dfrac{d_1}{\varepsilon_1}+\dfrac{d_2}{\varepsilon_2}}$　③ $\dfrac{S}{\dfrac{\varepsilon_1}{d_1}\times\dfrac{\varepsilon_2}{d_2}}$

④ $\dfrac{S}{\dfrac{2\varepsilon_1}{d_1}+\dfrac{2\varepsilon_2}{d_2}}$　⑤ $\dfrac{S}{\dfrac{{d_1}^2}{\varepsilon_1}\times\dfrac{{d_2}^2}{\varepsilon_2}}$

解説

電極板の面積を S〔m^2〕，二つの電極板の間隔を d〔m〕，誘電率を ε〔F/m〕とすると，コンデンサの容量 C〔F〕は，$C=\varepsilon S/d$ と表されます．

図に示すように容量 C_1 と C_2 の二つのコンデンサが直列に接続されている場合，全体の容量 C と C_1，C_2 の関係は，参考に示すように $1/C=1/C_1+1/C_2$，つまり，$C=C_1C_2/(C_1+C_2)$ となります．

$$C_1=\frac{\varepsilon_1 S}{d_1},\qquad C_2=\frac{\varepsilon_2 S}{d_2}$$

とすると

$$C=\frac{C_1C_2}{C_1+C_2}=\frac{\dfrac{\varepsilon_1\varepsilon_2}{d_1d_2}S^2}{\dfrac{\varepsilon_1 S}{d_1}+\dfrac{\varepsilon_2 S}{d_2}}=\frac{S}{\dfrac{d_1}{\varepsilon_1}+\dfrac{d_2}{\varepsilon_2}}$$

となります．

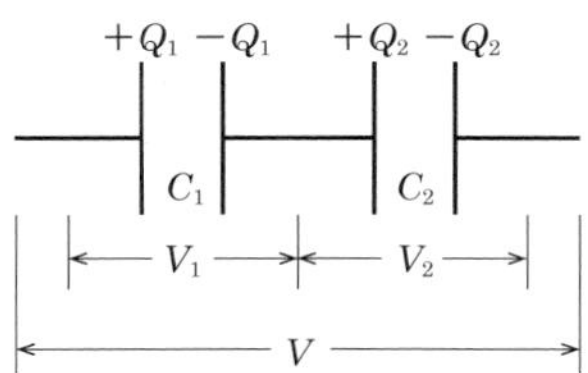

図　コンデンサの直列接続

参考

コンデンサが直列に接続されている場合は，容量は次のようになります．

コンデンサが直列接続されている図の構成で，コンデンサが接触している部分の電荷は零で Q_1 と Q_2 は等しくなります．また，全体の電荷 $Q=Q_1=Q_2$ となります．これと $V=V_1+V_2$ より，$Q/C=Q_1/C_1+Q_2/C_2$ また，$Q=Q_1=Q_2$ であるため，$1/C=1/C_1+1/C_2$ という関係式が得られます．

【解答　②】

問5　コンデンサのエネルギー　☑☑☑　【H30-2 問1（H27-1 問1）】

1〔μF〕のコンデンサを1〔V〕で充電し，3〔μF〕のコンデンサを3〔V〕で充電して並列に接続したとき，この二つのコンデンサに蓄えられる総合のエネルギーは，［　　　］〔J〕である．ただし，充電後の二つのコンデンサの極性は一致させて接続するものとする．

①　6.0×10^{-6}　②　1.25×10^{-5}　③　1.4×10^{-5}

④　1.6×10^{-5}　⑤　2.5×10^{-5}

解説

図は接続前のコンデンサの構成と，並列に接続したコンデンサの構成です．

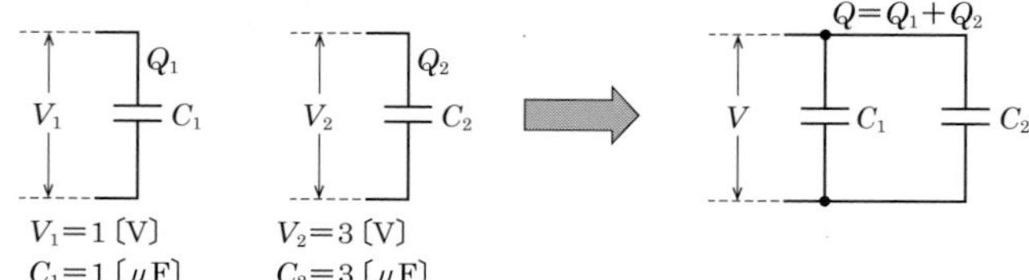

（a）接続前の構成　（b）並列接続後の構成

図　コンデンサの並列接続

並列接続後の電圧 V は，接続前の電圧，電荷，コンデンサの容量と，次の三つの関係式より求めることができます．

$$Q=C_1V+C_2V=(C_1+C_2)V \tag{1}$$

$$Q=Q_1+Q_2 \tag{2}$$

$$Q_1=C_1V_1,\qquad Q_2=C_2V_2 \tag{3}$$

これらの式より

$$並列接続後の電圧\ V=\frac{Q}{C_1+C_2}=\frac{Q_1+Q_2}{C_1+C_2}=\frac{C_1V_1+C_2V_2}{C_1+C_2}$$

となります．また

$$コンデンサに蓄えられる総合のエネルギー\ E=\frac{1}{2}CV^2$$

です．

これらに，次の値を代入してエネルギーEを求めます．

$C_1=1$〔μF〕，　$C_2=3$〔μF〕，　$V_1=1$〔V〕，　$V_2=3$〔V〕

$$V=\frac{C_1V_1+C_2V_2}{C_1+C_2}=\frac{1\times1+3\times3}{1+3}=\frac{10}{4}=2.5\ 〔V〕$$

POINT
計算では単位を合わせる
（1〔μF〕$=10^{-6}$〔F〕）

$$E=\frac{1}{2}CV^2=\frac{1}{2}(C_1+C_2)V^2=\frac{1}{2}\times4\times10^{-6}\times2.5^2=1.25\times10^{-5}\ 〔J〕$$

【解答　②】

覚えよう！

コンデンサの電荷と容量，電圧の関係式$Q=CV$，並列接続の場合のコンデンサの容量$C=C_1+C_2$，コンデンサに蓄えられるエネルギーの式．

$$E=\frac{1}{2}CV^2$$

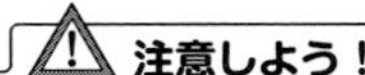

注意しよう！

単位の関係に注意．コンデンサの容量の単位が〔μF〕のとき，10^{-6}をかけて計算すること．

1-4 その他回路素子

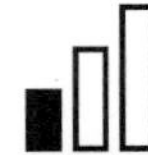

出題傾向

トランジスタ回路や半導体メモリに関する問題が出されています．

問 1	半導体メモリ ☑☑☑	【R04-1 問 16（H29-1 問 16）】

コンピュータの主記憶装置に使用される半導体メモリのうち，電荷を蓄えることによって情報を記憶するが，電荷は時間の経過とともに減少することから，一定の時間ごとに再書き込みが必要な半導体メモリは，［　　　］といわれる．

① DRAM　② EPROM　③ MROM
④ SRAM　⑤ フラッシュメモリ

解説

コンピュータの主記憶装置に使用される半導体メモリは，情報の呼び出しと処理結果の書き込みが随時行える **RAM**（Random Access Memory）と，データの読み出し専用の **ROM**（Read Only Memory）に，大きく分類されます．RAM は電力の供給がなくなると記憶内容が失われる揮発性メモリです．ROM は電源を切っても，もともと書き込まれているデータが消えることはありません．RAM は **DRAM**（Dynamic RAM）と **SRAM**（Static RAM）に分類され，RAM のうち，一定の時間ごとに再書き込み（リフレッシュ）が必要な半導体メモリは DRAM です．

DRAM は，定期的なリフレッシュが必要で，SRAM に比べ低速で消費電力は大きいですが，回路規模が小さく大容量化が可能であるため，コストが低いという特徴があります．一方，SRAM は，定期的なリフレッシュが不要で消費電力が小さく，高速でキャッシュメモリなどに使用されます．

EPROM（Erasable Programmable Read Only Memory）は，電源を断っても記録内容が消えずに，繰り返し内容の書換えができます．紫外線を照射すると内容が消去され，再書込み可能になる素子を用いることが多くなっています．

MROM（Mask ROM）は，集積回路を製造する段階で記憶内容を書き込んでしまう ROM です．一般の ROM と同様，記憶内容を変更させることはできませ

ん．

フラッシュメモリは，ROM のように電源を切ってもデータが消えずにデータの書き換えを行えるメモリです．USB メモリや SSD などに使用されています．

【解答　①】

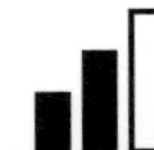

1-5 交流回路

出題傾向

コイルとコンデンサ, 抵抗を含んだ回路で消費電力を問う問題がよく出されています. リアクタンスや波形整流に関する出題もあります.

問 1	力率 ☑☑☑	【R03-1 問 2（H27-2 問 2)】

ある負荷に交流電圧 100〔V〕を加えると 4〔A〕の電流が流れ，無効電力は 112〔var〕であった．この負荷の力率は，＿＿＿＿である．

① 0.25　② 0.28　③ 0.72　④ 0.89　⑤ 0.96

解説

交流の場合，コイルやコンデンサも抵抗と同様に電流の流れを妨げます．コイルやコンデンサにより電流の流れが妨げられる大きさを**リアクタンス**といい，単位は抵抗と同じ Ω です．

コイルにより電流が妨げられる大きさを**誘導性リアクタンス**，コンデンサによって電流が妨げられる大きさを**容量性リアクタンス**といいます．リアクタンスに抵抗を含めて，**インピーダンス**といいます．

誘導性リアクタンス X_L の大きさは，交流電圧の周波数 ω とインダクタンス L の積（ωL）で表されます．容量性リアクタンス X_C の大きさは，交流電圧の周波数 ω と静電容量（キャパシタンス）の積の逆数 $1/\omega C$ で表されます．

重要なのは，**コイルに流れる電流は交流電圧より位相が 90〔°〕後に遅れ，コンデンサに流れる電流は，交流電圧より位相が 90〔°〕前に進んでいる**ことです．このため，抵抗のほかにコイルやコンデンサが接続されている回路では，電流は，抵抗，コイル，コンデンサに流れる位相の異なる電流を足し合わせたものになるため，電圧と電流の位相が異なってきます．電圧と電流の関係は**図**のようになります．

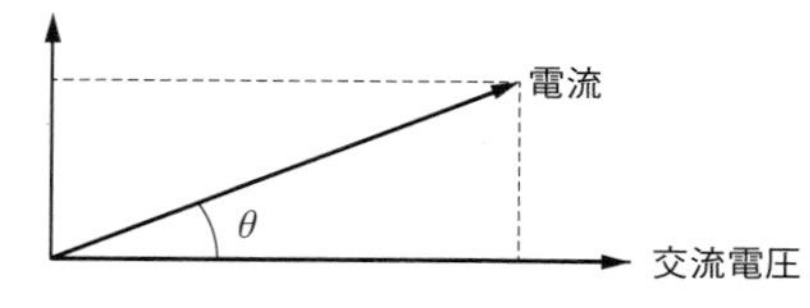

図　交流回路における電圧と電流の関係

ここで，電圧を V，電流を I とすると，電圧と電流を掛け合わせた VI が**皮相電力**，$VI\cos\theta$ が**有効電力**，$\cos\theta$ が**力率**，$VI\sin\theta$ が**無効電力**です．有効電力は抵抗で消費されるエネルギーです．一方，コイルやコンデンサに流れる電流によるエネルギーは消費されないエネルギーで無効電力といいます．

無効電力 $VI\sin\theta = 100\times 4\sin\theta = 112$〔var〕より

$$\sin\theta = 0.28$$

$$\text{力率}\ \cos\theta = \sqrt{1-\sin^2\theta} = \sqrt{1-0.28^2} = \sqrt{0.9216} = 0.96$$

【解答　⑤】

覚えよう！
皮相電力と，有効電力，無効電力，力率の意味とそれらの間の関係式．

問 2　**無効電力**　☑☑☑　【R02-2 問 19】

正弦波交流回路において，電圧の実効値を E〔V〕，電流の実効値を I〔A〕，電圧と電流の位相差を ϕ〔rad〕とすると，この回路の［　　　］電力は，$EI\sin\phi$〔var〕で表される．

①　瞬　時　　②　相　対　　③　有　効
④　無　効　　⑤　皮　相

解説

交流電圧と電流の位相差を θ，電圧の実効値を E〔V〕，電流の実効値を I〔A〕とすると，EI が皮相電力，$EI\cos\phi$ が有効電力，$\cos\phi$ が力率，$EI\sin\phi$ が無効電力です．皮相電力と有効電力，無効電力については，本節 問 4 の解説を参照してください．

【解答　④】

問 3　**波形整流回路**　☑☑☑　【R01-2 問 3（H28-2 問 3，H25-2 問 3）】

図に示す回路の入力側に交流電圧 V_i を加えたとき，出力側に現れる電圧 V_o の波形は，＿＿＿＿である．ただし，$V>E$ とする．

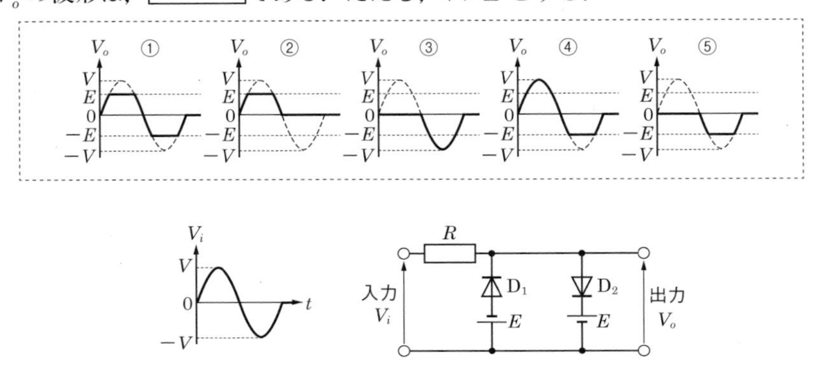

解説

波形整流回路は振幅操作回路とも呼ばれ，「入力波形の一部を切り取り，残った部分を出力する回路」です．

ダイオードとは，p 型半導体と n 型半導体を接合した素子で，pn 接合部分では，両端に加えられる電圧の極性によって電流が流れたり流れなかったりします．つまり，**p 型半導体（アノード）側の電位が n 型半導体（カソード）側の電位より高くなった場合（順方向バイアス）に電流が流れる**性質（整流作用）を持ちます．逆に**カソード側の電位が高い場合（逆方向バイアス）は電流が流れません．**

入力電圧 V_i が，$V_i<-E$，$-E\leqq V_i\leqq E$，$V_i>E$ の場合に分けて考えます．

(a) $V_i<-E$ の場合

ダイオード D_1 には順方向バイアスがかかり，ダイオード D_2 には逆方向バイアスがかかります．このため，回路は擬似的に図(a)と同等になります．このとき，V_o は $-E$ となります．

> **POINT**
> ダイオード D_1 だけの場合と，ダイオード D_2 だけの場合に分けて考えるとわかりやすい．

(b) $-E\leqq V_i\leqq E$ の場合

ダイオード D_1，ダイオード D_2 とも逆方向バイアスがかかり，両方のダイオードに電流が流れないため，回路は擬似的に図(b)と同等になります．このとき，$V_o=V_i$ となります．

> **覚えよう！**
> ダイオードは，順方向バイアスがかかると導通し，ダイオードの両端の電位は零になる．

(c) $V_i>E$ の場合

ダイオードD_2には，順方向バイアスがかかり，ダイオードD_1には逆方向バイアスがかかります．このため，回路は擬似的に図(c)と同等になります．このとき，$V_o=E$となります．

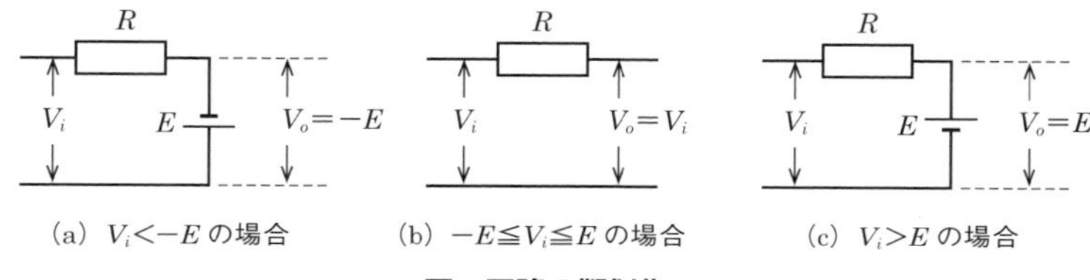

図 回路の擬似化

【解答 ①】

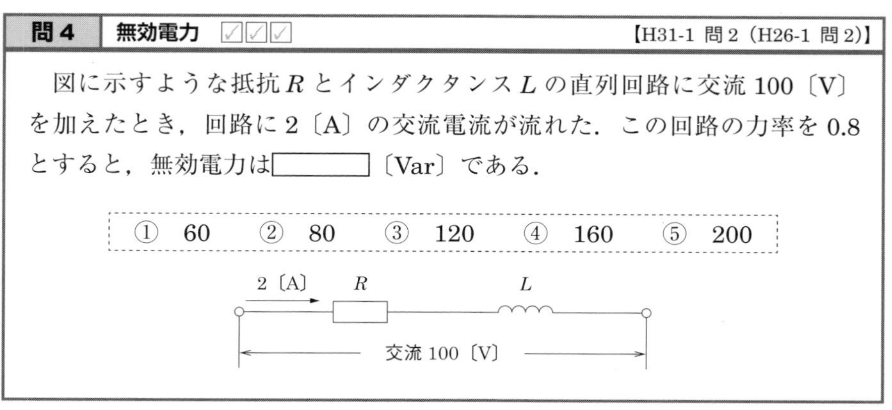

問 4	無効電力 ☑☑☑	【H31-1 問 2（H26-1 問 2）】

図に示すような抵抗RとインダクタンスLの直列回路に交流 100〔V〕を加えたとき，回路に 2〔A〕の交流電流が流れた．この回路の力率を 0.8 とすると，無効電力は＿＿＿＿〔Var〕である．

① 60　② 80　③ 120　④ 160　⑤ 200

解説

コイルに流れる電流は交流電圧より位相が 90〔°〕後に遅れ，コンデンサに流れる電流は，交流電圧より位相が 90〔°〕前に進みます．

このため，抵抗のほかにコイルやコンデンサが接続されている回路では，電流は，抵抗，コイル，コンデンサに流れる位相の異なる電流を足し合わせたものになるため，電圧と電流の位相が異なってきます．つまり，交流電圧と電流の位相差をθ，電圧をV，電流をIとすると，電圧と電流を掛け合わせたVIが皮相電力，$VI \cos\theta$が有効電力，$\cos\theta$が力率，$VI \sin\theta$が無効電力となります．有効電力は抵抗で消費されるエネルギーです．一方，コイルやコンデンサに流れる電流によるエネルギーは消費されないエネルギーで無効電力といいます．図に電圧と電流の位相差θ，皮相電力，有効電力，無効電力の関係を示します．

設問では，回路にかかる交流電圧が100〔V〕，電流が2〔A〕，力率$\cos\theta$が0.8であるため，

$$\text{無力電力} VI\sin\theta = VI\sqrt{1-\cos^2\theta} = VI\sqrt{1-0.8^2} = VI\sqrt{0.36}$$
$$= VI\times 0.6 = 100\times 2\times 0.6 = 120\ 〔\text{var}〕$$

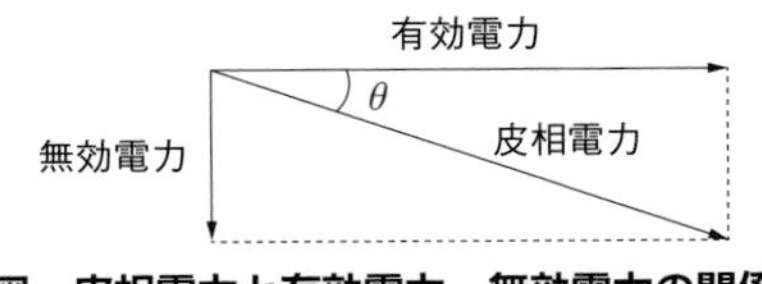

図　皮相電力と有効電力，無効電力の関係

【解答　③】

問5　消費電力 ☑☑☑　【H30-2 問2（H25-1 問2）】

図に示すように，無誘導抵抗4〔Ω〕及び2〔Ω〕，誘導リアクタンス3〔Ω〕を接続し，端子a－b間に交流電圧を加えたとき，25〔A〕の電流が流れた．この回路の全消費電力は，[　　　　]〔W〕である．

① 900　② 1,358　③ 2,150　④ 2,321　⑤ 3,750

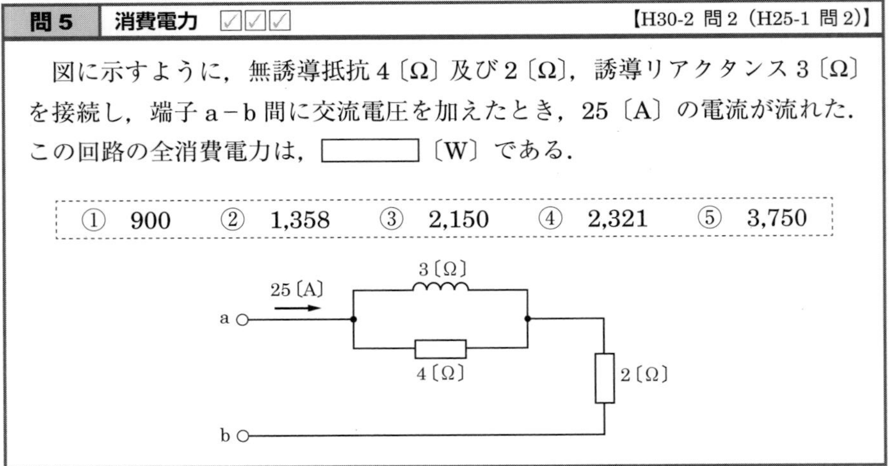

解説

交流回路の**消費電力は，抵抗と抵抗を流れる電流の大きさによって決まります．**すなわち，電力をP，電圧をV，電流をI，抵抗をRとすると

$$P = VI = RI^2$$

回路の全消費電力は，二つの抵抗で消費される電力の和になります．図(a)で，コイルに並列に接続されている4〔Ω〕の抵抗に流れる電流を求めるには，まず，この抵抗にかかる電圧（V）を求めます．

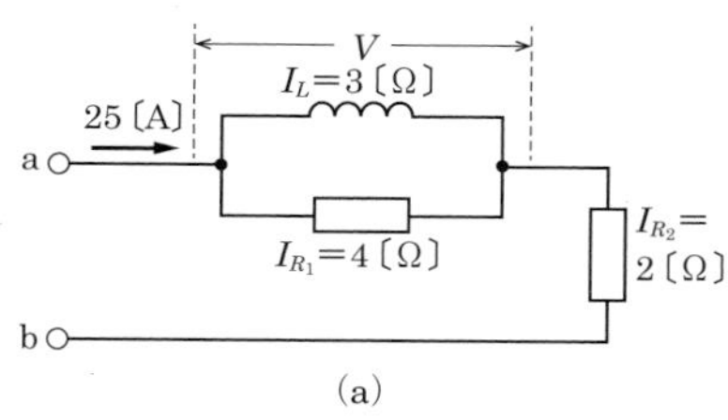

(a)

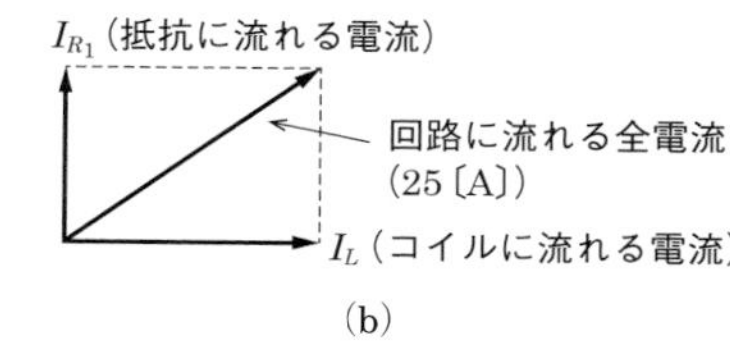

(b)

図

図(b)に示すように，コイルに流れる電流（I_L）は，コイルに並列に接続されている抵抗に流れる電流（I_{R_1}）に比べ，位相が 90〔°〕遅れています．

このため，回路に流れる電流 I と，I_L，I_{R_1} の間には，次の関係が成り立ちます．

$$I=\sqrt{I_L^2+I_{R_1}^2}=\sqrt{\frac{V^2}{3^2}+\frac{V^2}{4^2}}=\sqrt{\frac{1}{9}+\frac{1}{16}}V=\sqrt{\frac{16+9}{144}}V=\frac{5}{12}V$$

I は 25〔A〕であるため，電圧 $V=25\times(12/5)=60$〔V〕となります．また，コイルと並列に接続されている抵抗（I_{R_1}）に流れる電流は，60〔V〕/4〔Ω〕＝15〔A〕.

二つの抵抗で消費される電力の和は

$$回路の全消費電力 = 4\times I_{R_1}{}^2+2\times I_{R_2}{}^2=4\times15^2+2\times25^2$$
$$=4\times225+2\times625=900+1250=2150〔W〕$$

【解答　③】

注意しよう！

コイルに流れる電流は電圧に比べ位相が 90〔°〕遅れます．一方，抵抗に流れる電流の位相は電圧と同じであるため，コイルと抵抗が並列接続の場合，コイルと抵抗の電流の位相差は 90〔°〕となります．このため，回路に流れる全電流は，コイルと抵抗，それぞれに流れる電流の足し算ではなく，2 乗の和の平方根になります．

問 6	リアクタンス ☑☑☑	【H30-1 問 2（H23-2 問 2）】

あるコイルに直流 80〔V〕を加えると 400〔W〕を消費し，交流 120〔V〕を加えると 576〔W〕を消費するとき，このコイルのリアクタンスは ＿＿＿〔Ω〕である．

① 10　② 12　③ 14　④ 16　⑤ 18

解説

内部抵抗も含めた場合のコイルを考えます（RL 直列回路）．図のように，インピーダンスを Z〔Ω〕，コイルのリアクタンスを X_L〔Ω〕，内部抵抗を R〔Ω〕とします．

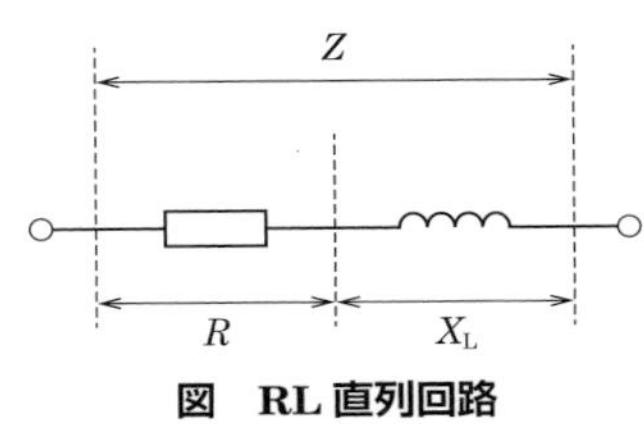

図　RL 直列回路

直流電流を流したときの電流，電圧，消費電力をそれぞれ I_d〔A〕，V_d〔V〕，P_d〔W〕とすると，オームの法則（$V=IR$）および，消費電力の式（$P=IV$）により次式のように抵抗値が求められます．

$$R=\frac{V_d}{I_d}=\frac{V_d^2}{P_d}$$

$V_d=80$，$P_d=400$ を上の式に代入すると，$R=16$〔Ω〕．

交流電流を流したときにおける，電流，電圧，消費電力をそれぞれ，$|I_a|$〔A〕，$|V_a|$〔V〕，P_a〔W〕とすると，次式のように電流値 $|I_a|$ を求めることができます．

$$|I_a|=\sqrt{\frac{P_a}{R}}$$

$R=16$，$P_d=576$ を上の式に代入すると，$|I_a|=6$〔A〕．

回路全体のインピーダンスを Z とすると，$V=IZ$ から，Z の値を求めることができます．

$$Z=\frac{|V_a|}{|I_a|}$$

$|V_a|=120$，$|I_a|=6$ を上の式に代入すると，$Z=20$〔Ω〕.

RL 回路における Z，R，X_L の関係は次式で表されます.

$$Z=\sqrt{R^2+X_L^2}$$

$$X_L=\sqrt{Z^2-R^2}$$

$Z=20$，$R=16$ を上の式に代入すると，$X_L=\sqrt{144}=12$〔Ω〕.

【解答　②】

2章 電気計測

本章の出題項目

2-1　電流計
2-2　電圧計・電力計

2-1 電　流　計

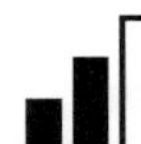

出題傾向

電気測定に関する問題として，毎回，電流計，電圧計，電力計のいずれかが出題されていますが，その中でも電流計の分流回路（分流器）に関する問題はよく出されています．熱電対電流計に関する出題もあります．

問 1　**電流計（分流回路）**　☑☑☑　【R03-2 問 6（H26-2 問 6，H24-2 問 6）】

図に示す回路において，定格電流（最大目盛値）1〔mA〕，内部抵抗 9〔Ω〕の電流計 A を用いて，定格電流 10〔mA〕及び 100〔mA〕の多重範囲電流計とする場合，分流回路の抵抗 R_1 及び R_2 の組合せは，［　　　］である．

① R_1 = 0.9〔Ω〕，R_2 = 0.1〔Ω〕
② R_1 = 0.1〔Ω〕，R_2 = 0.9〔Ω〕
③ R_1 = 0.9〔Ω〕，R_2 = 0.09〔Ω〕
④ R_1 = 0.09〔Ω〕，R_2 = 0.81〔Ω〕
⑤ R_1 = 0.9〔Ω〕，R_2 = 9〔Ω〕

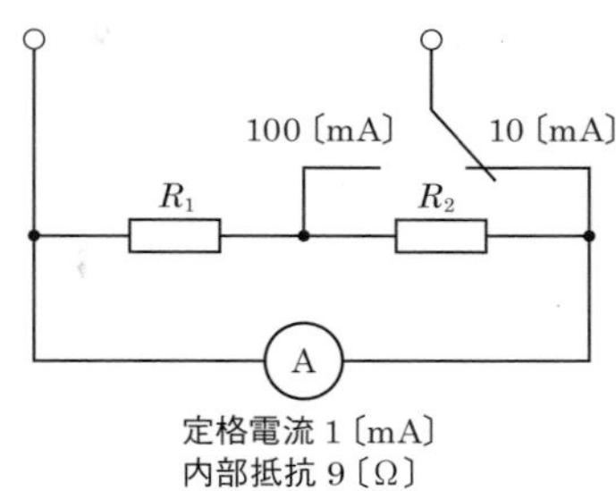

解説

図 1 は，定格電流を 10〔mA〕とする場合の電流計の構成です．

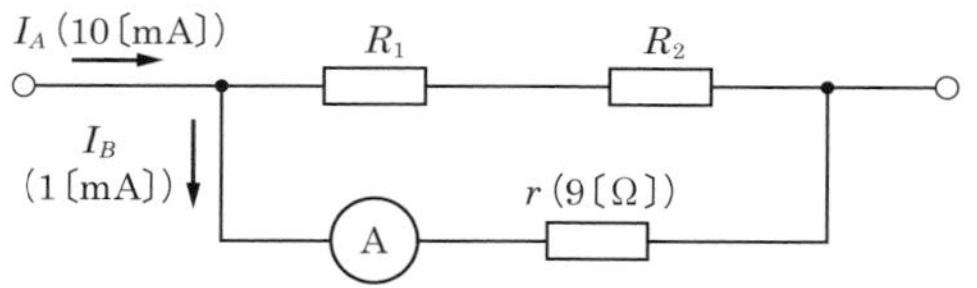

図1　定格電流が 10〔mA〕の場合

本節 問3の解説より，電流計の定格電流（I_B），**分流器**接続後に流れる最大電流（I_A），内部抵抗（r），分流器の抵抗（R_1+R_2）の間には次の関係があります．

$$\frac{I_A}{I_B}=\frac{10}{1}=1+\frac{r}{R_1+R_2}$$

これより

$$R_1+R_2=\frac{r}{9}=1 \qquad (1)$$

図2は，定格電流を 100〔mA〕とする場合の電流計の構成です．

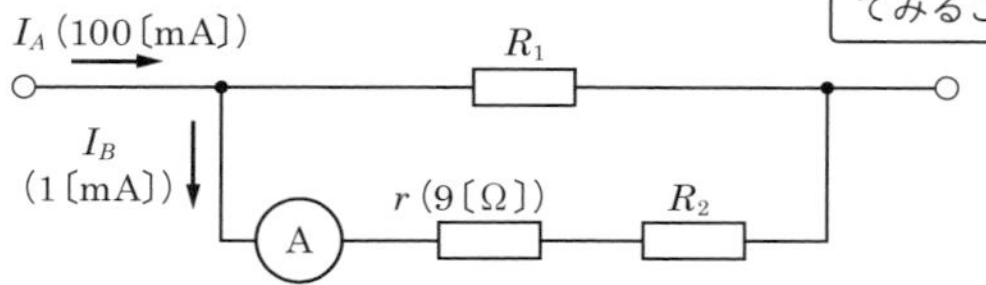

図2　定格電流が 100〔mA〕の場合

図2では次の関係があります．

$$\frac{I_A}{I_B}=\frac{100}{1}=1+\frac{r+R_2}{R_1}=1+\frac{9+R_2}{R_1}$$

これより

$$99R_1=9+R_2 \qquad (2)$$

式(1)と(2)の連立方程式を解いて R_1，R_2 を求めます．

$$99R_1=9+1-R_1, \qquad 100R_1=10$$

これより

$$R_1=0.1〔\Omega〕, \qquad R_2=0.9〔\Omega〕$$

【解答　②】

覚えよう！
分流器を使用した電流計の定格電流と抵抗の関係の求め方.

問 2	熱電対形電流計の原理 ☑☑☑	【R02-2 問 1（H28-1 問 1）】

材質が異なる二つの導線のそれぞれの両端を接続して一つの閉回路を作り，二つの接続点を異なる温度に保つと，その回路内に起電力を生じて電流が流れる．この現象は，［　　　］効果といわれる．

① トムソン　② ペルチェ　③ ゼーベック
④ ファラデー　⑤ ピエゾ

解説

図のように，二つの均質な金属導体 A，B を接続して閉回路を構成し，二つの接点部分を異なる温度にすると（$T_1>T_2$），起電力が発生し，回路に電流が流れます．この現象を**ゼーベック効果**といいます．この場合，温度が同じ場合（$T_1=T_2$）は電流が流れないし，別の接点の温度を高くすると（$T_1<T_2$），電流は逆に流れます．このゼーベック効果は**熱電対形電流計**に応用されています．

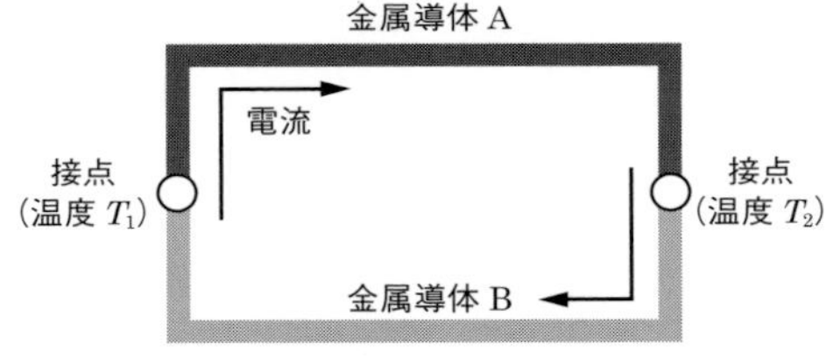

図　ゼーベック効果

本問題では，解答群に「トムソン効果」と「ペルチェ効果」がありますが，これらも以下に示すように，ゼーベック効果と同様，金属導体と熱の発生，起電力に関連する現象です．

- **ペルチェ効果**：異なる金属導体（半導体も含む）を接続して一定温度のもとで電流を流すと，接続部でジュール熱以外の熱の発生または吸収が起こる現象で，電流の向きを逆にすると発熱，吸熱が逆になります．
- **トムソン効果**：一様な金属導体に温度こう配がある状態で電流を流すと，ジュール熱以外の熱の発生または吸収が起こる現象で，電流の向きによって，発熱，吸熱が発生します．

【解答　③】

問 3 分流器 ☑☑☑ 【R02-2 問 6（H29-1 問 6，H28-2 問 6）】

内部抵抗が 0.2〔Ω〕で最大目盛が 5〔A〕の電流計がある．これを測定可能電流が最大 30〔A〕の電流計とするためには，［　　　］〔Ω〕の分流器を用いればよい．

① 0.02　② 0.03　③ 0.04　④ 0.05　⑤ 0.06

解説

電流計の測定範囲を拡大するために，電流計の内部抵抗（r）に並列に分流器を挿入した構成を**図**に示します．

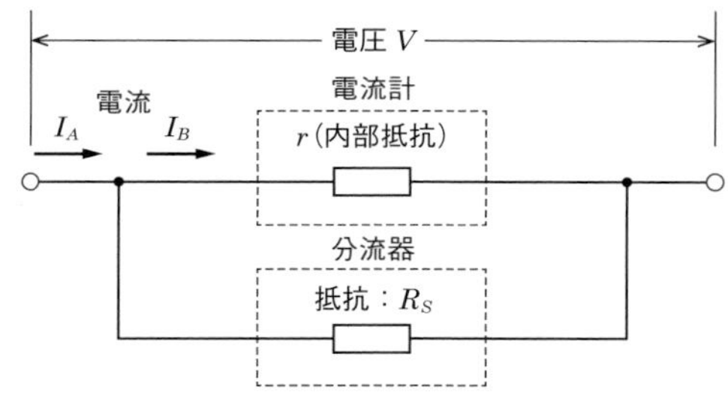

図　電流計と分流器の接続構成

図の構成で

$$\frac{\text{電流計に流れる電流}+\text{分流器に流れる電流}}{\text{電流計に流れる電流}}=\frac{I_A}{I_B}=\frac{\text{分流器接続後の最大目盛}}{\text{元の最大目盛}}$$

$$I_B=\frac{V}{r},\ I_A-I_B=\frac{V}{R_S}\text{より},\ I_A=I_B+\frac{V}{R_S}=\frac{V}{r}+\frac{V}{R_S}$$

$$\frac{I_A}{I_B}=\frac{\left(\frac{1}{r}+\frac{1}{R_S}\right)V}{\frac{V}{r}}=1+\frac{r}{R_S}$$

上の式に $r=0.2$，$I_A/I_B=30/5=6$ を代入して

$$1+\frac{0.2}{R_S}=6$$

これより

$$\frac{0.2}{R_S}=5,\qquad R_S=\frac{0.2}{5}=0.04$$

【解答　③】

問 4　**分流器**　☑☑☑　【R01-2 問 6（H28-2 問 6）】

内部抵抗が 0.99〔Ω〕で最大目盛が 10〔mA〕の電流計がある．これを測定可能電流が最大 100〔mA〕の電流計とするためには，［　　　］〔Ω〕の分流器を用いればよい．

① 0.09　② 0.11　③ 0.22　④ 0.90　⑤ 9.09

解説

電流計の内部抵抗 r（0.99〔Ω〕）に並列に抵抗（R_S）の分流器を挿入した場合の構成は本節 問 3 の図と同様になります．

この構成より，電流計の最大目盛 I_B（10〔mA〕），分流器接続後の測定可能電流 I_A（100〔mA〕）の間の関係は，本節 問 3 の解説より次のようになります．

$$\frac{I_A}{I_B}=\frac{\left(\frac{1}{r}+\frac{1}{R_S}\right)V}{\frac{V}{r}}=1+\frac{r}{R_S}=1+\frac{0.99}{R_S}=\frac{100}{10}=10$$

$$R_S=\frac{0.99}{9}=0.11$$

これより，分流器の抵抗は

$$R_S=0.11〔\Omega〕$$

【解答　②】

問5	分流器 ✓✓✓	【H29-1 問6（H25-2 問6）】

内部抵抗が 0.1〔Ω〕で最大目盛が 4〔A〕である電流計を用いて最大目盛が 50〔A〕の電流計として使うためには，[　　　　]〔Ω〕の分流器を用いればよい．ただし，答えは，四捨五入により有効数字 2 桁とする．

① 6.9×10^{-3}　② 8.7×10^{-3}　③ 1.2
④ 1.2×10　⑤ 1.2×10^{2}

解説

電流計の測定範囲を拡大するために，電流計の内部抵抗（r）に並列に分流器を挿入した構成は本節 問3の解説の図と同様になります．

本節 問3の解説より

$$\frac{I_{\mathrm{A}}}{I_{\mathrm{B}}}=\frac{\left(\dfrac{1}{r}+\dfrac{1}{R_S}\right)V}{\dfrac{V}{r}}=1+\frac{r}{R_S}=1+\frac{0.1}{R_S}=\frac{50}{4}=12.5$$

これより，分流器の抵抗は

$$R_S=\frac{0.1}{11.5}\fallingdotseq 8.7\times10^{-3}\,〔\Omega〕$$

【解答　②】

2-2 電圧計・電力計

出題傾向

電圧計における倍率器，高周波電力の測定に用いる素子に関する問題が出されています．

問 1　電圧計（倍率器による測定範囲の拡大）

【H31-1 問 6（H28-1 問 6，H26-1 問 6，H24-1 問 6）】

内部抵抗が 20〔kΩ〕で最大目盛が 5〔V〕の電圧計を用いて，最大目盛が 100〔V〕の電圧計として使うためには，＿＿＿〔kΩ〕の倍率器を用いればよい．

①　100　②　360　③　380　④　400　⑤　420

解説

電圧の最大目盛を増やすためには，図のように，**倍率器**を電圧計の抵抗に直列に接続します．

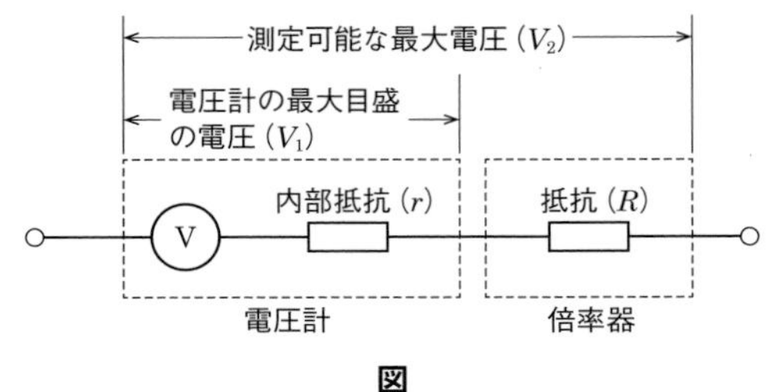

図

図で，測定可能な最大電圧 V_2 と，電圧計の最大目盛の電圧 V_1，電圧計の内部抵抗 r，倍率器の抵抗 R の関係は，流れる電流が等しいことから $V_1/r = V_2/(r+R)$ となります．これより

$$V_2 = 100 = \frac{r+R}{r} V_1 = \frac{20+R}{20} \times 5$$

$R = 400 - 20 = 380$〔kΩ〕となります．

【解答　③】

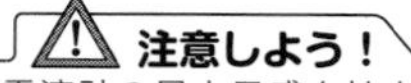

電流計の最大目盛を拡大する場合，分流器を電流計に並列に接続するが，電圧計では，倍率器を直列に接続する．

問 2	**電力計** ☑☑☑	【R04-1 問 6（H30-2 問 6，H27-2 問 6）】

マイクロ波出力などの高周波電力を測定する際に，バレッタや□を用いて，これらの素子が被測定電力を吸収することにより生ずる抵抗値の変化分を電力値に換算する方法がある．

① 熱電対　② サイリスタ　③ ダイオード
④ トランジスタ　⑤ サーミスタ

解説

POINT
ボロメータは，温度の上昇に従い抵抗が変化する素子を利用して電力を測定する計測器．

電磁波を吸収し，温度が上昇すると抵抗が変化する素子を用いて測定する機器を**ボロメータ**といい，マイクロ波などの高周波電力を測定する際には，**バレッタ**や**サーミスタ**が使用されます．

・**バレッタ**は白金に銀をかぶせた細い線で，温度が高くなるに従い，電気抵抗は大きくなります．

・**サーミスタ**は，Co，Mn，Ni などの酸化物に Cu を添加し焼結した半導体で，温度が上昇するに従い，電気抵抗が小さくなります．

【解答 ⑤】

3章 電子回路

本章の出題項目
3-1　増幅回路
3-2　ダイオード・トランジスタを使用した論理回路
3-3　論理回路

3-1 増幅回路

出題傾向

帰還増幅回路に関する問題がよく出されています．

問 1　**トランジスタを使用した増幅回路**　【R04-1 問 3】

図に示すトランジスタ回路において，V_{CC} が 18〔V〕，R_C が 4〔kΩ〕のとき，コレクタとエミッタ間の電圧 V_{CE} は□〔V〕である．ただし，直流電流増幅率 h_{FE} を 100，ベース電流 I_B を 25〔μA〕とする．

① 2　② 4　③ 6　④ 8　⑤ 10

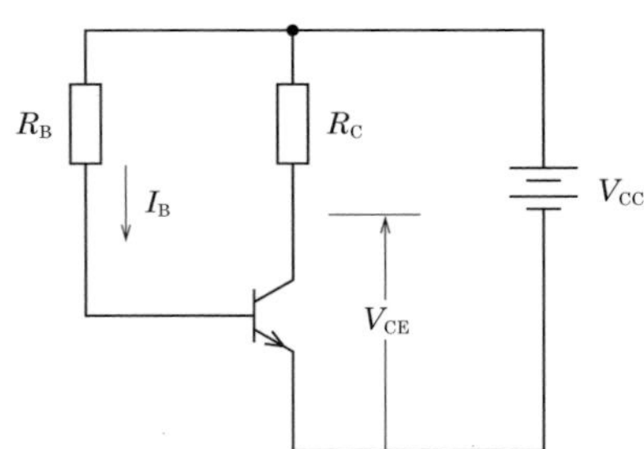

解説

次頁の図で (a)，(b)，(c) の値を順に求めていきます．

(a) 直流電流増幅の関係式からコレクタ電流 I_C を求めます．

直流電流増幅率 h_{FE} とベース電流 I_B，コレクタ電流 I_C の間には以下の関係が成り立ちます．

$$h_{FE} = \frac{I_C}{I_B}$$

問題文から $h_{FE} = 100$，$I_B = 25 \times 10^{-6}$ を代入すると

$$100 = \frac{I_C}{5 \times 10^{-6}}, \qquad I_C = 25 \times 10^{-4}$$

(b) オームの法則を使ってコレクタ電圧 V_C を求めます．

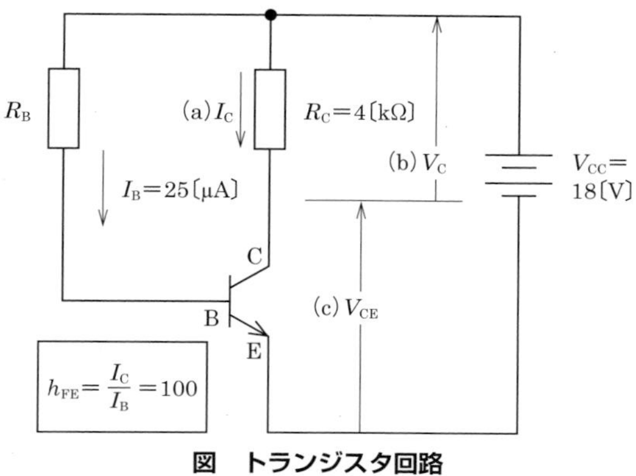

図　トランジスタ回路

$$V_C = I_C \times R_C$$

求めた $I_C = 25 \times 10^{-4}$ と，問題文から $R_C = 4 \times 10^3$ を代入すると

$$V_C = (25 \times 10^{-4}) \times (4 \times 10^3) = 10$$

(c) キルヒホッフの法則を使って V_{CE} を求めます．

$$V_{CC} = V_C + V_{CE}$$

求めた $V_C = 10$ と，問題文から $V_{CC} = 18$ を代入すると

$$V_{CE} = V_{CC} - V_C = 18 - 10 = 8$$

【解答　④】

問 2	負帰還増幅回路 ☑☑☑	【R03-2 問 3（H29-2 問 3，H25-1 問 3）】

図に示す負帰還増幅回路において，増幅器の増幅度を μ，帰還回路の帰還率を β とすると，$\mu\beta \gg 1$ のとき，負帰還増幅回路全体の利得（閉ループ利得）G は，$G \fallingdotseq$ [　　　] となる．

① $1/\beta$　② $1/\mu$　③ β　④ μ　⑤ 1

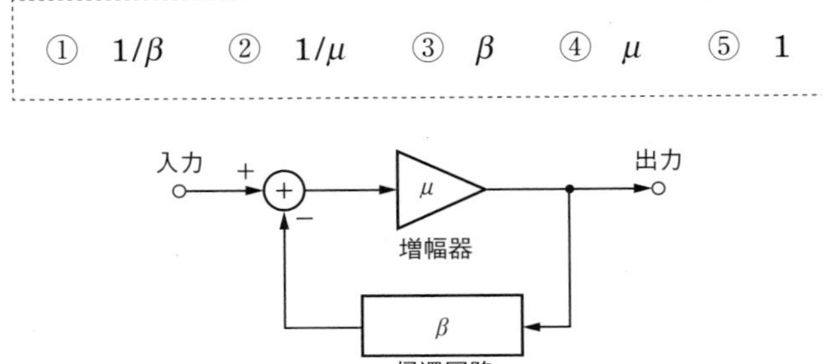

解説

負帰還回路全体の利得は，V_i，V_o，V_i' の三つの関係で表す．

問題の図の負帰還回路で，入力電圧を V_i，出力電圧を V_o，定常状態での増幅器への入力電圧を V_i' とすると

$$V_i' = V_i - \beta V_o \qquad \mu V_i' = V_o$$

$$\frac{V_o}{\mu} = V_i - \beta V_o \qquad \frac{(1+\mu\beta)V_o}{\mu} = V_i$$

$$V_o = \frac{\mu V_i}{1+\mu\beta}$$

負帰還回路全体の利得　$\dfrac{V_o}{V_i} = \dfrac{\mu}{1+\mu\beta}$

$\mu\beta \gg 1$，つまり，$\mu\beta$ が“1”より十分に大きいと，$1+\mu\beta \fallingdotseq \mu\beta$ となるため

$$\frac{\mu}{1+\mu\beta} = \frac{\mu}{\mu\beta} \fallingdotseq \frac{1}{\beta}$$

で，利得は $1/\beta$ となります．

【解答　①】

問 3　トランジスタを使用した増幅回路　✓✓✓　【H31-1 問 3（H26-2 問 3）】

トランジスタのエミッタホロワ回路の特性は，他の接地回路と比較して，□という特徴がある．

① 電圧利得が高く，入力インピーダンスも高く，出力インピーダンスが低い
② 電圧利得が高く，入力インピーダンスが低く，出力インピーダンスが高い
③ 電圧利得が低く，入力インピーダンスが高く，出力インピーダンスが低い
④ 電圧利得が低く，入力インピーダンスも低く，出力インピーダンスが高い
⑤ 電圧利得が低く，入力インピーダンスが高く，出力インピーダンスも高い

解説

図 1 にトランジスタの接地方式を示します．

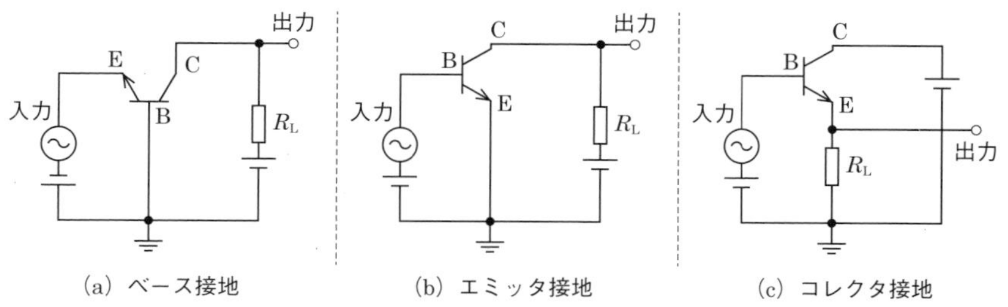

図 1　トランジスタの接地方式

次の**表**に各接地方式の特性を示します．

表　接地方式の特性

	ベース接地	エミッタ接地	コレクタ接地 (エミッタホロワ)
入力インピーダンス	小	中	大
出力インピーダンス	大	中	小
電流増幅率	ほぼ1	大	大
電圧増幅率	大	中	ほぼ1
電力利得	中	大	小
入力と出力の電圧位相	同相	逆相	同相

エミッタホロワ回路は**コレクタ接地回路**ともいい，**図2**のようにコレクタが直接，直流電源に接続されており，交流的に考えると接地されているのと同じになります．

トランジスタを使用した増幅回路として，エミッタ接地回路，コレクタ接地回路，ベース接地回路がある．

図2より，出力電圧 V_o は，入力電圧 V_i に対して，ベース－エミッタ間電圧 V_{be} だけ低く追従します．このため，**電圧増幅度（電圧利得）V_o/V_i は，1より少し小さい値**となります．

一方，エミッタホロワ回路では，ベース電流 I_i が数十〔μA〕のオーダであるのに対し，エミッタに流れる電流 I_o は数〔mA〕のオーダであるため，**電流増幅度 I_o/I_i は100倍以上の大きさになります．**

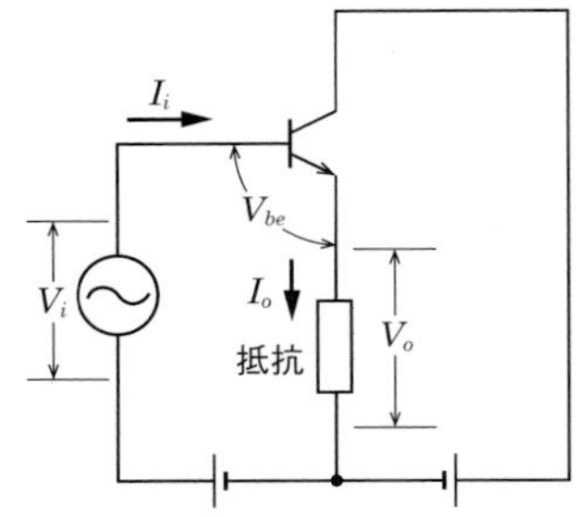

図2　エミッタホロワ回路（コレクタ接地回路）の電圧と電流

入力インピーダンス $Z_i=V_i/I_i$，出力インピーダンス $Z_o=V_o/I_o$ と定義されますが，入力側の電流 I_i が数十〔μA〕程度と小さく，出力側の電流 I_o が数〔mA〕程度と大きいため，入力インピーダンスは高く，出力インピーダンスは低いといえます．

まとめると，エミッタホロワ回路では電圧利得が低く，入力インピーダンスは高く，出力インピーダンスは低くなります．

覚えよう！
トランジスタの接地方式と，それぞれの電圧－電流特性．

【解答　③】

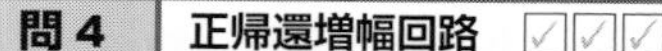

問 4 **正帰還増幅回路** 【H30-2 問 3（H24-2 問 3）】

図に示す帰還増幅回路において，増幅回路の入力を V_i，帰還回路の出力を V_f とすると，この回路が発振するための条件は，V_i と V_f が［　　　］であること及び増幅回路の増幅度 A と帰還回路の帰還率 β との積 $A\beta$ で表されるループゲインが 1 より大きいことの二つの条件を満たす必要がある．

① マイナス　② プラス　③ 同　相
④ 逆　相　⑤ 同電位

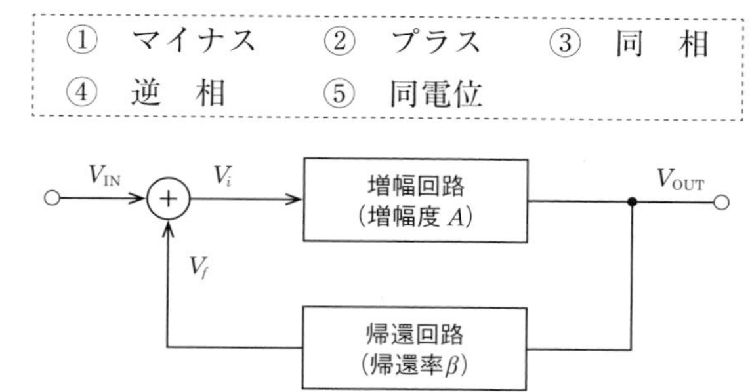

解説

増幅した出力信号の一部を入力側に戻すことを**帰還**といいます．帰還には，出力信号が入力側の信号と同じ位相（同相）に帰還する**正帰還**と，逆位相に帰還する**負帰還**があります．負帰還回路の場合，本節 問 2 の解説で述べたように，利得は $1/\beta$ 程度となり，発振しません．

帰還増幅回路が発振回路として機能するためには，増幅回路の入力電圧（V_i）と帰還回路の出力電圧（V_f）が同相であることが必要です．また，ループゲイン（$A\beta$）が 1 より小さいと，増幅回路の出力電圧（V_o）は一定値以下となり，発振しないため，発振させるためには，ループゲインが 1 より大きいことが必要です．

【解答　③】

覚えよう！

正帰還増幅回路は，発振器として使用されるが，増幅器としては不安定である．一方，負帰還増幅回路は，増幅度は下がるが，次の特徴をもつ．
- 利得が安定化する．
- 周波数特性が改善する．
- 非直線ひずみが軽減される．
- 雑音が抑制される．

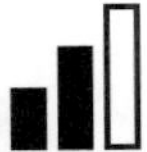

3-2 ダイオード・トランジスタを使用した論理回路

出題傾向

ダイオードとトランジスタを組み合わせた回路が，論理回路としてどのような機能をもつものかを求める問題が出されています．

問 1　ダイオードとトランジスタを使用した論理回路

【R02-2 問 3（H29-1 問 3，H27-2 問 3）】

図に示す論理回路を入出力とも正論理で使用するとき，この論理回路を表す論理式は，［　　　　］である．

① $F=A\cdot B$　② $F=A+B$　③ $F=\overline{A\cdot B}$
④ $F=\overline{A+B}$　⑤ $F=A\cdot\overline{B}+\overline{A}\cdot B$

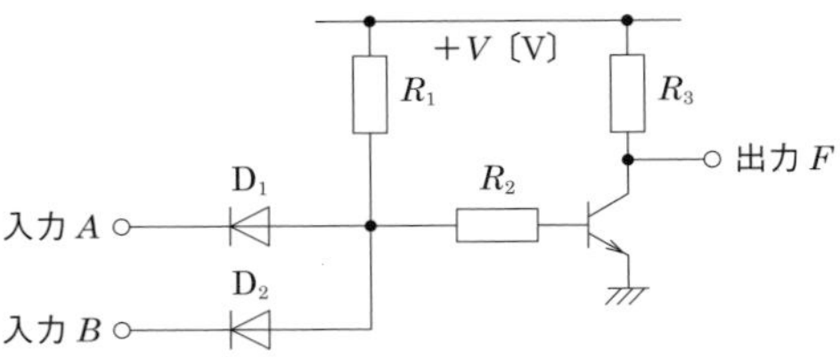

解説

わかりやすさのため，本問題の回路を，**図**のように二つに分けて考えます．

この後で説明するように，左側の回路 A は AND 回路，右側の回路 B は NOT 回路となります．回路全体では NAND 回路，つまり，$F=\overline{A\cdot B}$ になります．

回路 A が AND 回路になる理由を説明します．回路 A で，入力 A または入力 B のいずれか一方の電位が低くなる（Low）と，ダイオード D_1 またはダイオード D_2 が導通し，抵抗 R_1 に電流が流れるため，図の E での出力（トランジスタのベース端子への入力）の電位が下がります（Low）．

入力 A と入力 B 両方の電位が高いと（High），ダイオード D_1 とダイオード D_2 にかかる電圧が逆方向になり電流が流れません．この場合，出力側（図の E）の電位は $+V$〔V〕に等しくなります（High）．

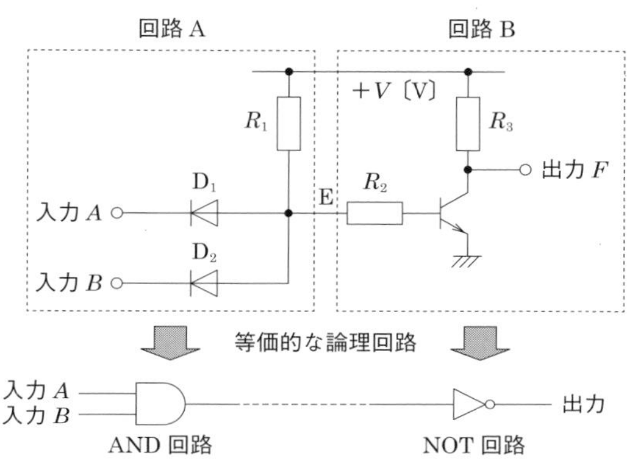

図　問題の回路と等価な論理回路

表 1　回路 A の真理値表

入力 *A*	入力 *B*	出力
0	0	0
0	1	0
1	0	0
1	1	1

この回路の動作を正論理の真理値表で表すと**表 1** のようになります．これは，回路 A が AND 回路であることを意味します．なお，出力はトランジスタのベース端子への入力になります．

次に回路 B が NOT 回路になる理由を説明します．回路 B は，npn 型のバイポーラトランジスタを使用した回路です．この回路では，ベース側の電位をエミッタ側に比べ高くすると（High），ベース－エミッタ間に順方向バイアスがかかるため，エミッタからベース領域に電子が流れます．この電子の一部は，ベース領域の多数キャリアである正孔と再結合して消滅しますが，大部分は正電位になっているコレクタ側に吸い上げられコレクタ側に電流が流れます．電流が流れると，抵抗 R_3 に流れる電流によって出力側の電位が下がります（Low）．

ベース側の電位が低いとコレクタとエミッタ間で電流が流れないため，出力側の電位は +*V*〔V〕に等しく高くなります（High）．これは，回路 B が NOT 回路であることを意味します．

回路 A（AND）と回路 B（NOT）を組み合わせた問題図の回路は NAND 回路（$F=\overline{A \cdot B}$）です．この回路の真理値表を**表 2** に示します．

表 2　問題図の回路の真理値表

入力 *A*	入力 *B*	出力
0	0	1
0	1	1
1	0	1
1	1	0

【解答　③】

覚えよう！

ダイオードやトランジスタを使用した回路とそれぞれの論理（AND，OR，NOT）の対応．

問 2　トランジスタを使用した論理回路　☑☑☑　【R01-2 問 4（H26-2 問 4）】

図に示す論理回路を入出力とも正論理で使用するとき，真理値表中の出力論理レベル W，X，Y，Z は，それぞれ［　　　］である．

① 0，0，0，1　② 0，1，1，1　③ 1，0，0，1
④ 1，0，0，0　⑤ 1，1，1，0

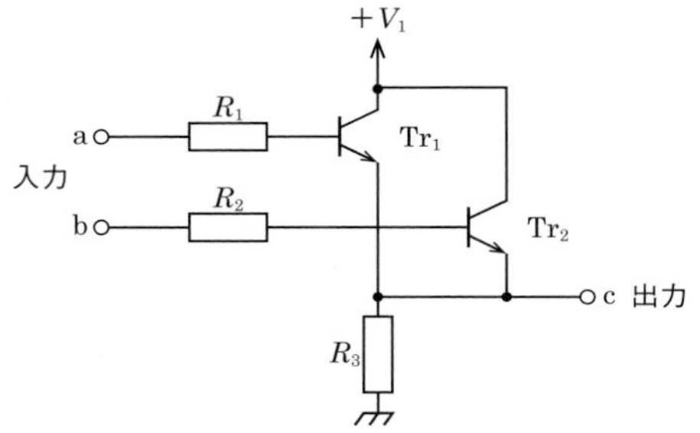

真理値表

入力		出力
a	b	c
1	1	W
1	0	X
0	1	Y
0	0	Z

解説

問題の回路の動作は次のようになります．

- 入力 a の電位が高くなると，トランジスタ Tr_1 に電流が流れます．このとき，抵抗 R_3 に電流が流れることにより，出力側の電圧が高くなります．
- 入力 b の電位が高くなると，トランジスタ Tr_2 に電流が流れます．このとき，抵抗 R_3 に電流が流れることにより，出力側の電圧が高くなります．
- 入力 a，入力 b とも電位が低いと，抵抗 R_3 に電流が流れないため，出力側の電位は接地側と同レベルで低くなります．

この回路の入力 a，入力 b，出力 c を正論理で表した場合の真理値表は**表**のようになります．これは回路が入力 a と入力 b の OR 回路であることを意味します．

表　本問題の回路の真理値表

入力 a	入力 b	出力 c
1	1	1
1	0	1
0	1	1
0	0	0

【解答　⑤】

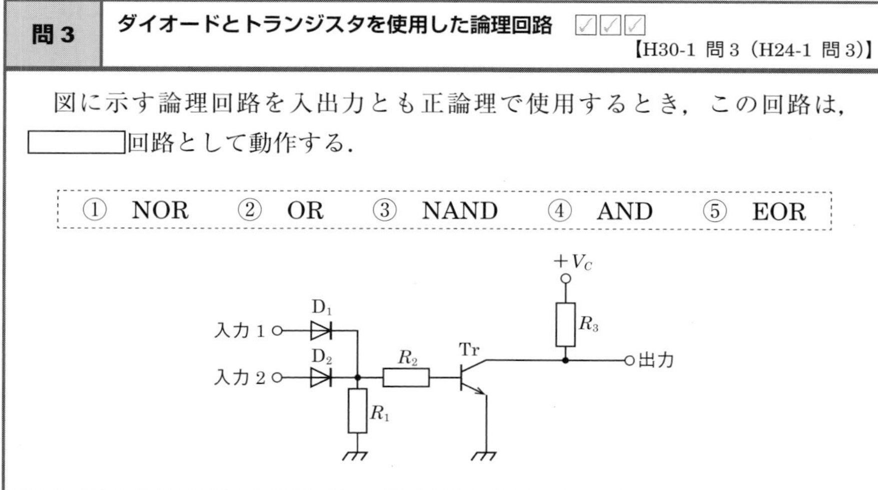

問3 **ダイオードとトランジスタを使用した論理回路** ☑☑☑

【H30-1 問3（H24-1 問3）】

図に示す論理回路を入出力とも正論理で使用するとき，この回路は，＿＿＿＿回路として動作する．

① NOR　② OR　③ NAND　④ AND　⑤ EOR

解説

わかりやすさのため，本問題の回路を，**図**のように二つに分けて考えます．この後で説明するように，左側の回路AはOR回路，右側の回路BはNOT回路となります．回路全体ではNOR回路になります．

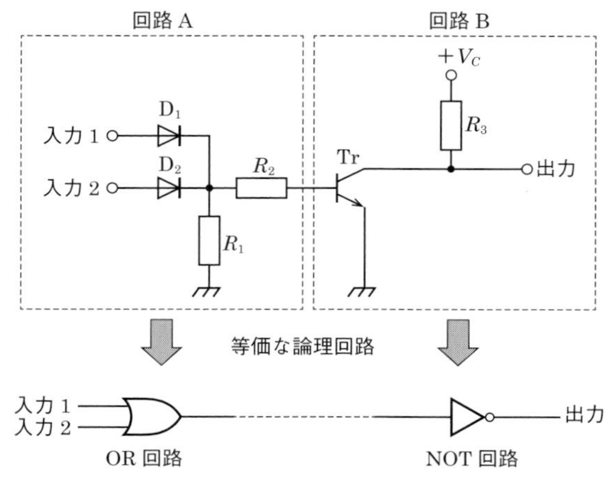

図　問題の回路と等価な論理回路

回路AがOR回路になる理由を説明します．回路Aで，入力1または入力2の一方の電位が接地側に比べ高くなると（High），ダイオードD_1またはD_2が導通し，電流が抵抗R_1に流れ，出力（トランジスタのベース端子への入力）の電位が高くなります（High）．一方，入力1と入力2の電位がともに低く（Low），ダイオードD_1とD_2両方が導通していないと，抵抗R_1とR_2に電流は流れず，出力の電位は接地側と同じで低くなります（Low）．この回路の動作を正論理の真理値表で表すと**表1**のようになります．これは，回路AがOR回路であることを意味します．なお，出力はトランジスタのベース端子への入力になります．

表1　回路Aの真理値表

入力1	入力2	出　力
0	0	0
0	1	1
1	0	1
1	1	1

次に回路BがNOT回路になる理由を説明します．回路Bのトランジスタは，本節 問1の解説で説明したように，ベース側の電位をエミッタ側に比べ高くすると（High），コレクタとエミッタ間で電流が流れます．電流が流れると，抵抗R_3に流れる電流によって出力側の電位が下がります（Low）．トランジスタのベース側の電位が低いと（Low），コレクタに電流は流れないため，出力側の電位は$+V_C$と高いままです（High）．これは，回路BがNOT回路であることを意味します．

回路A（OR）と回路B（NOT）を組み合わせた問題図の回路はNOR回路です．この回路の真理値表を**表2**に示します．

表2　問題図の回路の真理値表

入力1	入力2	出　力
0	0	1
0	1	0
1	0	0
1	1	0

【解答　①】

問 4　ダイオードとトランジスタを使用した論理回路　【H29-1 問 3】

図に示す論理回路を入出力とも正論理で使用するとき，この回路は［　　　］回路として動作する．

① AND　② NAND　③ OR　④ NOR　⑤ EOR

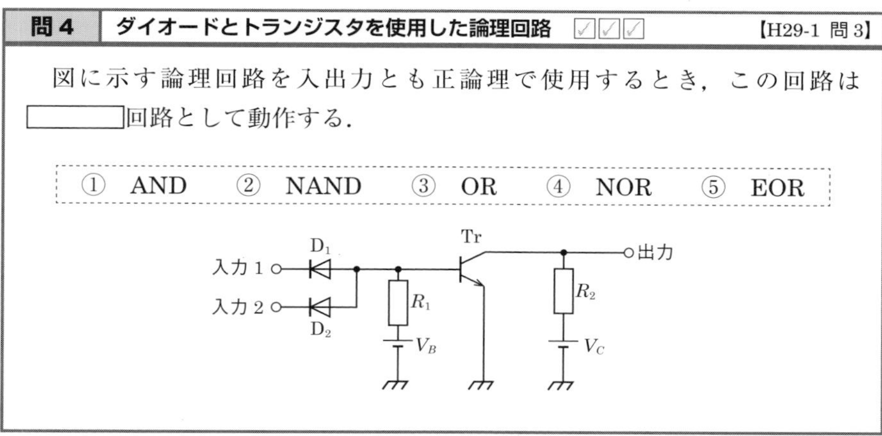

解説

わかりやすさのため，本問題の回路を，図のように二つに分けて考えます．この後で説明するように左側の回路 A は AND 回路，右側の回路 B は NOT 回路となります．回路全体では NAND 回路になります．

回路 A が AND 回路になる理由を説明します．回路 A で，入力 1 または入力 2 の一方の電位が低くなる（Low）と，ダイオード D_1 またはダイオード D_2 が導通し，出力（トランジスタのベース端子への入力）の電位が下がります（Low）．入力 1 と入力 2 両方の電位が高いと（High），ダイオード D_1 とダイオード D_2 にかかる電圧が逆方向になり電流が流れません．この場合，出力側の電位は V_B に等しく高くなります（High）．この回路の動作を正論理の真理値表で表すと表

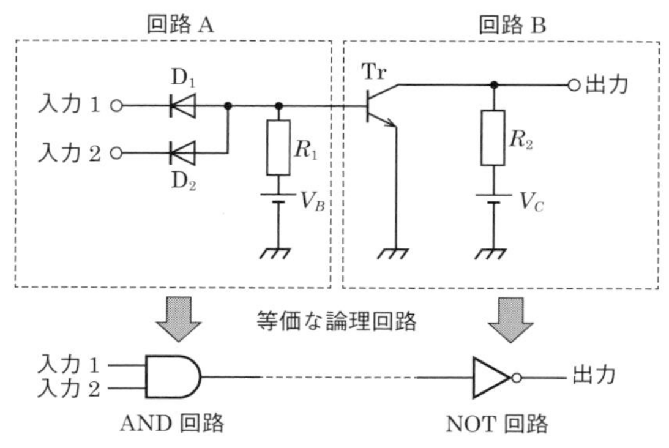

図　問題の回路と等価な論理回路

表 1　回路 A の真理値表

入力 1	入力 2	出　力
0	0	0
0	1	0
1	0	0
1	1	1

1のようになります．これは，回路AがAND回路であることを意味します．なお，出力はトランジスタのベース端子への入力になります．

次に回路BがNOT回路になる理由を説明します．回路Bは，npn型のバイポーラトランジスタを使用した回路です．この回路では，ベース側の電位をエミッタ側に比べ高くすると（High），ベース－エミッタ間に順方向バイアスがかかるため，エミッタからベース領域に電子が流れます．この電子の一部は，ベース領域の多数キャリアである正孔と再結合して消滅しますが，大部分は正電位になっているコレクタ側に吸い上げられコレクタ側に電流が流れます．電流が流れると，トランジスタのコレクタとエミッタ間の電位が小さくなるため，電位が低くなります（Low）．ベース側の電位が低いとコレクタとエミッタ間で電流が流れないため，出力側の電位はV_Cに等しく高くなります（High）．これは，回路BがNOT回路であることを意味します．

回路A（AND）と回路B（NOT）を組み合わせた問題図の回路はNAND回路です．この回路の真理値表を**表2**に示します．

表2　問題図の回路の真理値表

入力1	入力2	出　力
0	0	1
0	1	1
1	0	1
1	1	0

【解答　②】

3-3 論理回路

出題傾向

論理回路または論理式に関する問題は，ほとんど毎回出されます．特に論理回路の図からその出力を求める問題が多く出されています．

問 1　論理演算　☑☑☑　【R04-1 問 4（H29-1 問 4，H25-2 問 4）】

A 及び B を入力，C を出力とするとき，論理式 $C=A\cdot(A+B)+B\cdot(\overline{A}+\overline{B})$ で示される論理回路は，［　　　］ゲートである．

① AND　② OR　③ NOT　④ NAND　⑤ NOR

解説

まず論理式を展開します．

$$C=A\cdot(A+B)+B\cdot(\overline{A}+\overline{B})=A\cdot A+A\cdot B+B\cdot\overline{A}+B\cdot\overline{B}$$
$$=A+A\cdot B+B\cdot\overline{A}=A+B\cdot(A+\overline{A})=A+B$$

POINT

$A\cdot A=A$，$B\cdot\overline{B}=0$，$A+\overline{A}=1$ の関係を利用して論理式を簡略化．

上記の式のように，最終的に，$C=A+B$ となります．これは，A と B の OR（論理和）になります．

【解答　②】

覚えよう！

論理代数の基本となる以下の定理

$A\cdot1=A$，$A+1=1$，$A\cdot0=0$，$A+0=A$（恒等の法則）
$A\cdot A=A$，$A+A=A$（同一の法則）
$A\cdot\overline{A}=0$，$A+\overline{A}=1$（補元の法則）
$\overline{\overline{A}}=A$（復元の法則）
$A\cdot(B+C)=A\cdot B+A\cdot C$（分配の法則）
$\overline{A\cdot B}=\overline{A}+\overline{B}$，　$\overline{A+B}=\overline{A}\cdot\overline{B}$（ド・モルガンの定理）
$A+A\cdot B=A$，$A\cdot(A+B)=A$（吸収の法則）

問 2	論理回路の出力 ☑☑☑	【R03-2 問 4（H27-2 問 4，H24-2 問 3）】

図に示す論理回路の入力を a，b 及び c，出力を f としたとき，これと同じ入力と出力の関係となる論理回路は，［　　　］である．

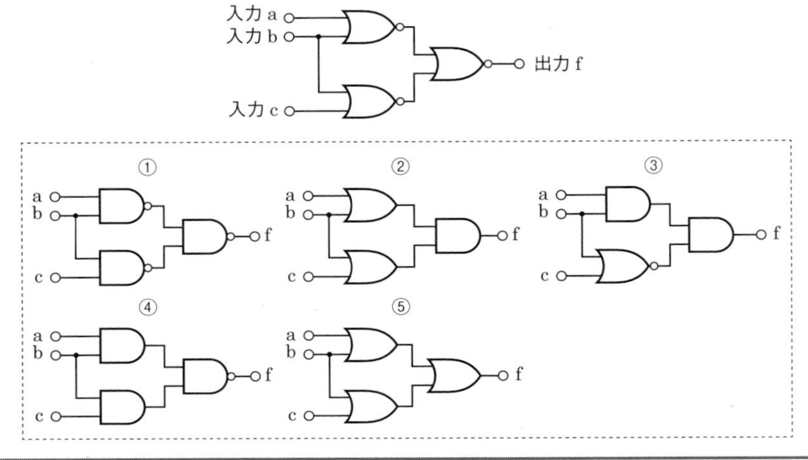

解説

問題の回路図に，各素子の出力に対応する論理式を書き込むと**図**のようになります．

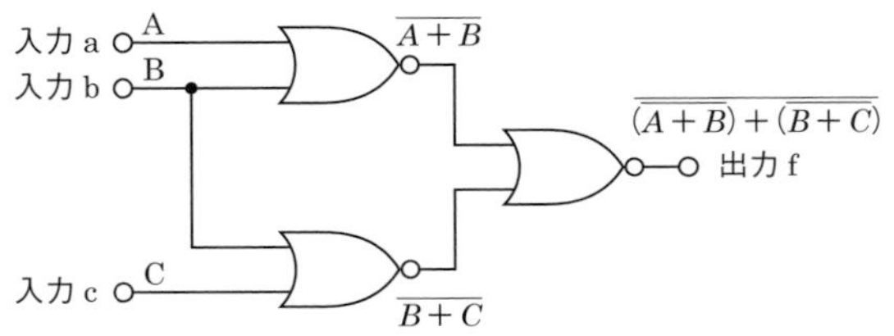

図　各素子の出力の論理式

入力 a，b，c の論理レベルをそれぞれ A，B，C，出力 f の論理レベルを F とすると，本問題の論理回路は，出力 $F=\overline{\overline{(A+B)}+\overline{(B+C)}}$ と表されます．これをド・モルガンの定理を使用して展開すると

$$F=\overline{\overline{(A+B)}+\overline{(B+C)}}=\overline{\overline{(A+B)}}\cdot\overline{\overline{(B+C)}}=(A+B)\cdot(B+C)$$

この論理式は，以下に示すように，②の回路に相当します．

①～⑤の論理回路の出力を以下に示します．

① $\overline{\overline{(A \cdot B)} \cdot \overline{(B \cdot C)}} = (\overline{\overline{A \cdot B}}) + (\overline{\overline{B \cdot C}}) = (A \cdot B) + (B \cdot C)$

② $(A+B) \cdot (B+C)$

③ $(A \cdot B) \cdot \overline{(B+C)} = A \cdot B \cdot \overline{B} \cdot \overline{C} = 0$

④ $\overline{(A \cdot B) \cdot (B \cdot C)} = \overline{(A \cdot B)} + \overline{(B \cdot C)} = \overline{A} + \overline{B} + \overline{B} + \overline{C} = \overline{A} + \overline{B} + \overline{C}$

⑤ $(A+B) + (B+C) = A + B + C$

【解答 ②】

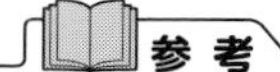

参考

論理回路の記号を以下に示します．

回路記号	名　称	論理式
	AND	$A \cdot B$
	OR	$A+B$
	NAND	$\overline{A \cdot B}$
	NOR	$\overline{A+B}$
	NOT	$\overline{A}$
	XOR	$A \oplus B$ $(\overline{A} \cdot B + A \cdot \overline{B})$

問 3	論理回路 ☑☑☑	【R03-1 問 4（H30-1 問 4）】

図に示す論理回路において，M の論理素子が［　　　］であるとき，入力 A 及び B から出力 C の論理式を求め変形し，簡単にすると，$C=A+\overline{B}$ で表される．

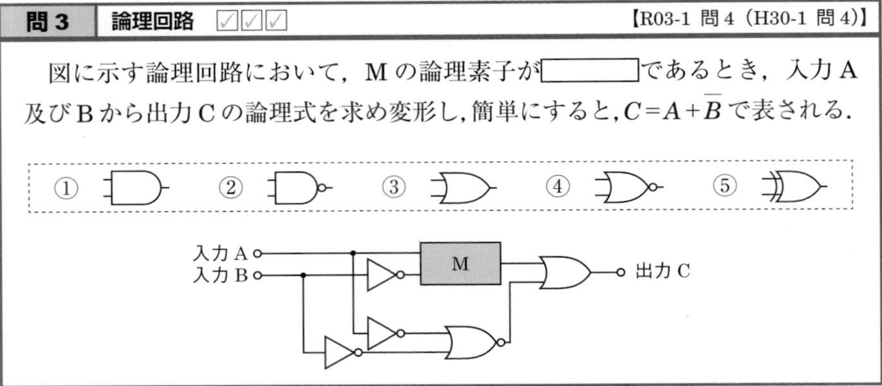

解説

問題の回路図に，各素子の出力に対応する論理式を書き込むと図のようになります．

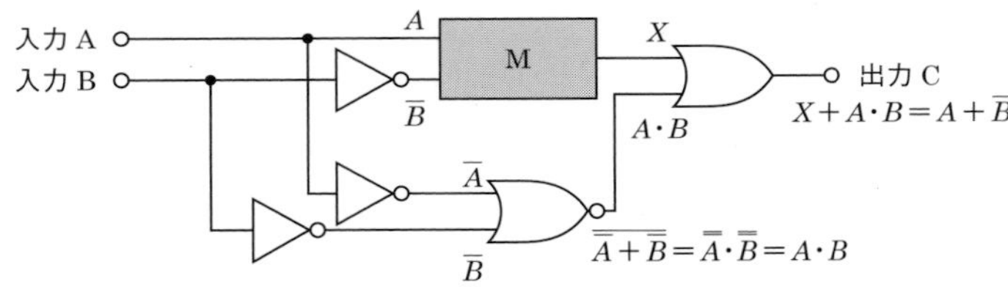

図　各素子の出力の論理式

出力 C において次の論理式を満たす X が解となります．

$$X+A\cdot B=A+\overline{B} \tag{1}$$

○を選択肢の素子が表す論理演算記号とすると $X=A○\overline{B}$ となります．○に選択肢の論理演算記号にして，式(1)を満たすものを探します．

①～⑤の場合の式(1)の左辺の論理式を以下に示します．

① $A\cdot\overline{B}+A\cdot B=A\cdot(\overline{B}+B)=A$

② $\overline{A\cdot\overline{B}}+A\cdot B=\overline{A}+B+A\cdot B=\overline{A}+B(1+A)=\overline{A}+B$

③ $A+\overline{B}+A\cdot B=A(1+B)+\overline{B}=A+\overline{B}$

④ $\overline{A+\overline{B}}+A\cdot B=\overline{A}\cdot B+A\cdot B=(\overline{A}+A)\cdot\overline{B}=B$

⑤ $A\cdot\overline{B}+\overline{A}\cdot B+A\cdot B=\overline{A}\cdot B+A(\overline{B}+B)=\overline{A}\cdot B+A$

選択肢③のみ式(1)の条件を満たします．

【解答　③】

問4 論理回路の出力

【R02-2 問4（H28-2 問4）】

図に示す論理回路において，A 及び B を入力とすると，出力 C の論理式は，$C=$ [　　　　] である．

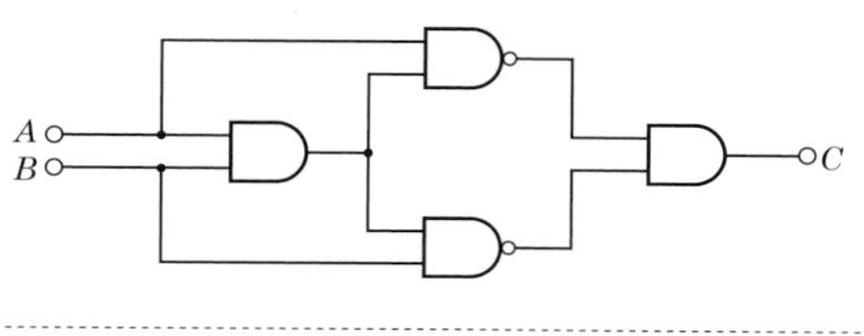

① $A\cdot B$　② $\overline{A}+A\cdot B$　③ $A\cdot\overline{B}+\overline{A}\cdot B$
④ $A\cdot B+\overline{A\cdot B}$　⑤ $\overline{A}+\overline{B}$

解説

問題の回路図に，各素子の出力に対応する論理式を書き込むと次の図のようになります．

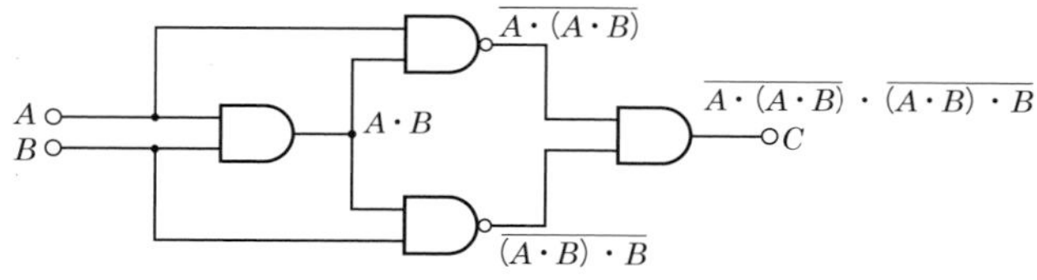

図　各素子の出力の論理式

出力 $C=\overline{A\cdot(A\cdot B)}\cdot\overline{(A\cdot B)\cdot B}$ と表されます．

AND（論理積）は，論理変数（A，B）の演算の順序を変えても同じであるため

$$\overline{A\cdot(A\cdot B)}\cdot\overline{(A\cdot B)\cdot B}=\overline{A\cdot A\cdot B}\cdot\overline{A\cdot B\cdot B}$$
$$=\overline{A\cdot B}\cdot\overline{A\cdot B}$$

また，同一の法則（$A\cdot A=A$）より

$$\overline{A\cdot B}\cdot\overline{A\cdot B}=\overline{A\cdot B}$$

ド・モルガンの定理を適用して

$$\overline{A\cdot B}=\overline{A}+\overline{B}$$

が C の論理式になります．

【解答　⑤】

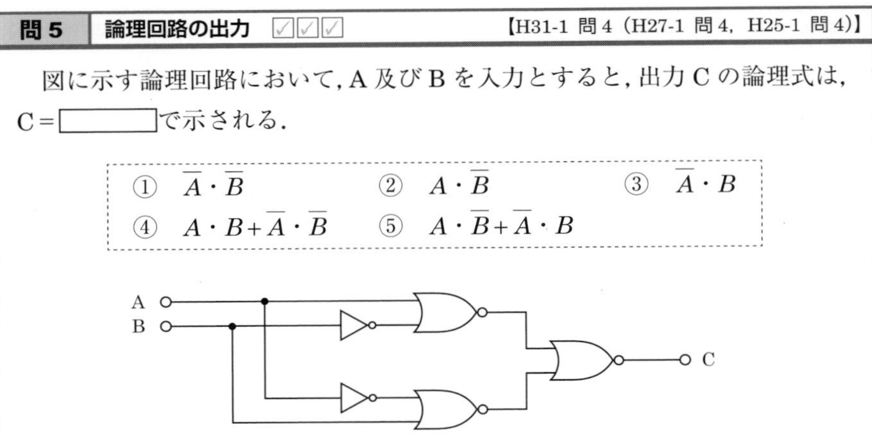

問 5　**論理回路の出力**　☑☑☑　【H31-1 問 4（H27-1 問 4，H25-1 問 4）】

図に示す論理回路において，A 及び B を入力とすると，出力 C の論理式は，C＝[　　　]で示される．

① $\overline{A}\cdot\overline{B}$　② $A\cdot\overline{B}$　③ $\overline{A}\cdot B$
④ $A\cdot B+\overline{A}\cdot\overline{B}$　⑤ $A\cdot\overline{B}+\overline{A}\cdot B$

解説

問題の回路図に，各素子の出力に対応する論理式を書き込むと次の図のようになります．

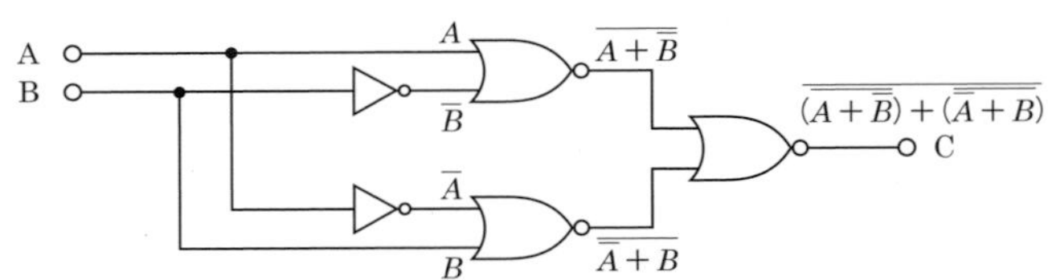

図　各素子の出力の論理式

出力 $X=\overline{\overline{(A+\overline{B})}+\overline{(\overline{A}+B)}}$ と表されます．これをド・モルガンの定理を用いて展開すると，

$$X=\overline{\overline{(A+\overline{B})}+\overline{(\overline{A}+B)}}$$
$$=\overline{\overline{(A+\overline{B})}}\cdot\overline{\overline{(\overline{A}+B)}}$$
$$=(A+\overline{B})\cdot(\overline{A}+B)$$
$$=A\cdot\overline{A}+A\cdot B+\overline{B}\cdot\overline{A}+\overline{B}\cdot B$$
$$=A\cdot B+\overline{A}\cdot\overline{B}$$

となります．

【解答　④】

問6　論理回路の出力　【H30-2 問4（H28-1 問4，H22-1 問4）】

図に示す論理回路において，A，B 及び C を入力とすると，出力 F の論理式は，[　　　]で示される．

① $F=\overline{C}\cdot(\overline{A}+\overline{B})$　② $F=\overline{C}\cdot(A+B)$　③ $F=A\cdot B+\overline{C}$

④ $F=C\cdot(A+B)$　⑤ $F=A\cdot B+C$

解説

問題の回路図に，各素子の出力に対応する論理式を書き込むと次の**図**のようになります．

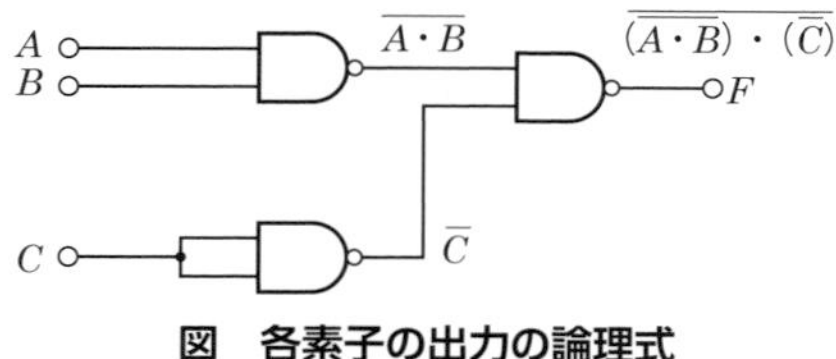

図　各素子の出力の論理式

論理回路の出力は，$F=\overline{\overline{A\cdot B}\cdot\overline{C}}$ と表されます．これをド・モルガンの定理を用いて展開すると，次のようになります．

$$F=\overline{\overline{A\cdot B}\cdot\overline{C}}$$
$$=\overline{\overline{A\cdot B}}+\overline{\overline{C}}$$
$$=A\cdot B+C$$

【解答　⑤】

問7　論理回路の出力　☑☑☑　【H29-2 問4】

図に示す論理回路において，入力a，入力b及び入力cの論理レベルをそれぞれA，B及びCとし，出力xの論理レベルをXとするとき，Xをベン図の斜線部分で表示すると[　　　]となる．ただし，ベン図において，A，B及びCは，それぞれ円の内部を表すものとする．

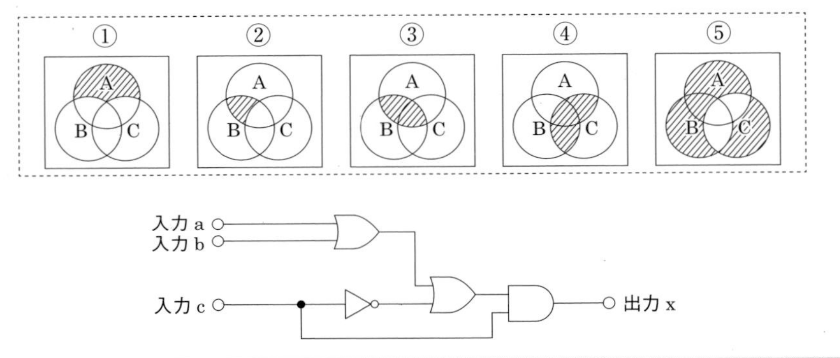

解説

問題の回路図に，各素子の出力に対応する論理式を書き込むと**図1**のようになります．

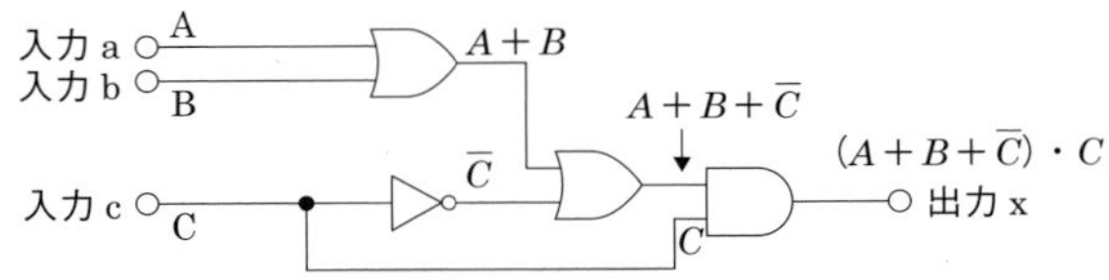

図1　各素子の出力の論理式

問題の論理回路の出力は，$X=((A+B)+\overline{C})\cdot C$と表されます．これはさらに，次のように展開されます．

$$X=((A+B)+\overline{C})\cdot C$$
$$=(A+B)\cdot C+\overline{C}\cdot C$$
$$=A\cdot C+B\cdot C$$

> **POINT**
> 論理演算結果の塗りつぶしは一つずつ行ってみる．

図2は$A\cdot C$，$B\cdot C$，$A\cdot C+B\cdot C$をベン図で示したものです．これにより，問題の論理回路の出力のベン図は④となります．

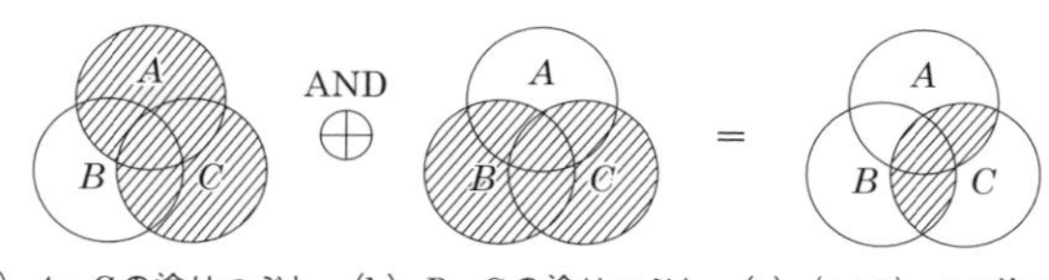

(a) $A \cdot C$ の塗りつぶし (b) $B \cdot C$ の塗りつぶし (c) $(A+B) \cdot C$ の塗りつぶし

図2 論理演算結果の塗りつぶし

【解答 ④】

問8 論理演算 ✓✓✓ 【H29-1 問4（H25-2 問4）】

A 及び B を入力，C を出力とするとき，論理式 $C = A \cdot (A+B) + B \cdot (\overline{A} + \overline{B})$ で示される論理回路は，[ ]ゲートである．

① AND　② OR　③ NOT　④ NAND　⑤ NOR

解説

本節 問1の解説に示した論理代数の基本定理を用いて論理式を展開します．

$$
\begin{aligned}
C &= A \cdot (A+B) + B \cdot (\overline{A} + \overline{B}) \\
&= A \cdot A + A \cdot B + B \cdot \overline{A} + B \cdot \overline{B} \\
&= A + A \cdot B + B \cdot \overline{A} \\
&= A + B \cdot (A + \overline{A}) = A + B
\end{aligned}
$$

$A \cdot A = A$，$B \cdot \overline{B} = 0$，$A + \overline{A} = 1$ の関係を利用して論理式を簡略化．

上に示したように，$C = A + B$ となります．これは，A と B の OR（論理和）になります．

【解答 ②】

4章
伝送技術

本章の出題項目

4-1　伝送特性
4-2　雑音
4-3　伝送路の SN 比
4-4　アナログ伝送路の電力
4-5　伝送路符号化
4-6　情報源符号化
4-7　アナログ伝送
4-8　デジタル伝送
4-9　光ファイバ
4-10　光通信
4-11　メタリックケーブル

4-1 伝送特性

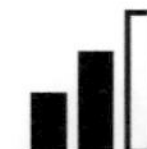

出題傾向

電流と電圧の反射係数に関する問題がよく出されています．

問 1	**変成器のインピーダンス整合** ☑☑☑	【R04-1 問 7】

図において，通信線路 1 の特性インピーダンスが 576〔Ω〕，通信線路 2 の特性インピーダンスが 900〔Ω〕のとき，巻線比（$n_1 : n_2$）が［　　　］の変成器を使うと線路の接続点における反射損失はゼロとなる．ただし，変成器は理想的なものとする．

① 3：2　② 3：5　③ 4：3　④ 4：5　⑤ 5：4

変成器

通信線路 1
576〔Ω〕

通信線路 2
900〔Ω〕

巻線比
$n_1 : n_2$

解説

図に示すように，通信線路 1 と通信線路 2 の特性インピーダンスをそれぞれ Z_1，Z_2，通信線路 1 側と通信線路 2 側の変成器の巻数をそれぞれ n_1，n_2 とした場合，反射損失がゼロになる条件は次のようになります．

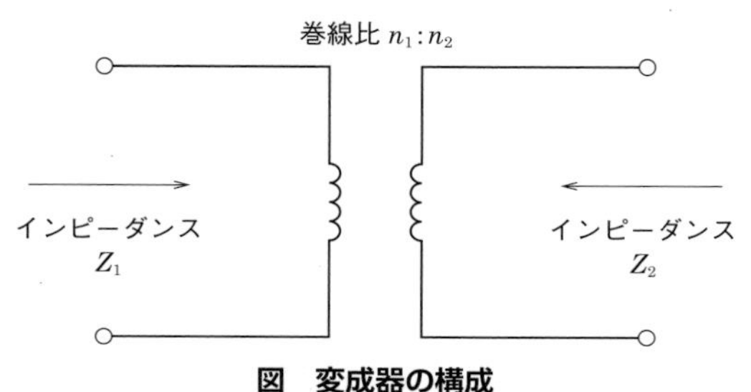

図　変成器の構成

$$\left(\frac{n_1}{n_2}\right)^2 = \frac{Z_1}{Z_2}$$

もしくは

$$n_1^2 : n_2^2 = Z_1 : Z_2$$

したがって，$n_1 : n_2 = \sqrt{Z_1} : \sqrt{Z_2}$ となります．

$Z_1 = 576$，$Z_2 = 900$ なので，$n_1 : n_2 = 24 : 30 = 4 : 5$

参考

特性インピーダンスの異なる回線を接続する場合，接続点で信号の反射が発生するために信号減衰が発生してしまいます．この反射をゼロにして，減衰を最小限に抑えるために，回路のインピーダンス特性を合わせる必要があります．これをインピーダンス整合といいます．変成器では，回線のインピーダンス特性に合わせて巻数を調整します．

【解答　④】

問 2　電圧反射係数　☑☑☑　【R03-1 問 7（H28-1 問 7，H24-2 問 7）】

図に示すように，特性インピーダンスが Z_{01} の伝送ケーブルに特性インピーダンスが Z_{02} の伝送ケーブルを接続したとき，その接続点における電圧反射係数は，[　　　　]で表される．

① $\dfrac{Z_{02}-Z_{01}}{Z_{01}+Z_{02}}$　② $\dfrac{Z_{01}-Z_{02}}{Z_{01}+Z_{02}}$　③ $\dfrac{Z_{01}+Z_{02}}{Z_{02}-Z_{01}}$

④ $\dfrac{Z_{01}+Z_{02}}{Z_{01}-Z_{02}}$　⑤ $\dfrac{Z_{01}Z_{02}}{Z_{01}+Z_{02}}$

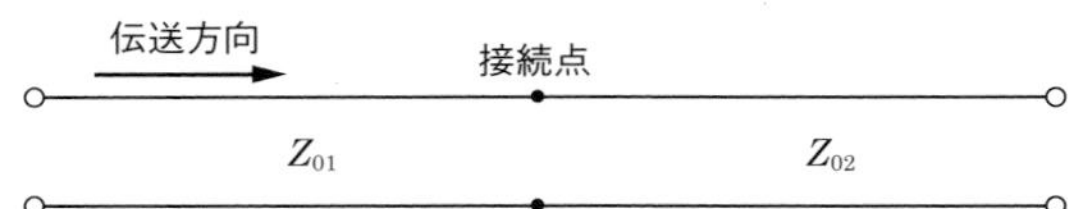

解説

電圧反射係数とは，図で

$$\frac{\text{反射波の電圧}}{\text{進行波の電圧}} = \frac{V_{r_1}}{V_{f_1}}$$

です．これを，**特性インピーダンス Z_{01} と Z_{02} の境界面で左右の電圧，電流が等しい**という条件より求めます．

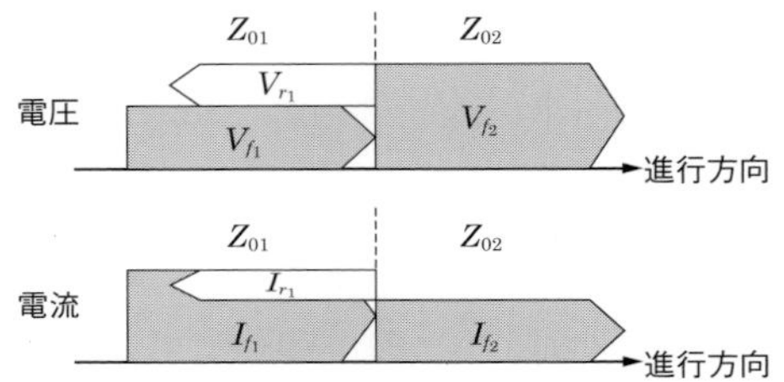

図　進行波と反射波の電圧と電流

$$V_{f_1}+V_{r_1}=V_{f_2}$$ （1）（境界面で左右の電圧が等しい）

$$I_{f_1}-I_{r_1}=\frac{V_{f_1}-V_{r_1}}{Z_{01}}=I_{f_2}=\frac{V_{f_2}}{Z_{02}}$$ （2）（境界面で左右の電流が等しい）

式（2）より

$$V_{f_2}=\frac{Z_{02}}{Z_{01}}(V_{f_1}-V_{r_1}) \qquad (3)$$

式（1），（3）より

$$V_{f_1}+V_{r_1}=\frac{Z_{02}}{Z_{01}}(V_{f_1}-V_{r_1})$$

これより

$$\left(1+\frac{Z_{02}}{Z_{01}}\right)V_{r_1}=\left(\frac{Z_{02}}{Z_{01}}-1\right)V_{f_1}$$

$$\frac{V_{r_1}}{V_{f_1}}=\frac{Z_{02}-Z_{01}}{Z_{01}}\times\frac{Z_{01}}{Z_{01}+Z_{02}}=\frac{Z_{02}-Z_{01}}{Z_{01}+Z_{02}}$$

【解答　①】

問 3　電流と電圧の反射係数 ☑☑☑　【R01-2 問 7（H27-2 問 7，H25-1 問 7）】

図に示すように，異なる特性インピーダンス Z_{01}，Z_{02} の線路を接続して信号を伝送したとき，その接続点における電圧反射係数を m とすると，電流反射係数は，□で表される．

① $-m$　② $1-m$　③ m　④ $1+m$　⑤ $\frac{1}{m}$

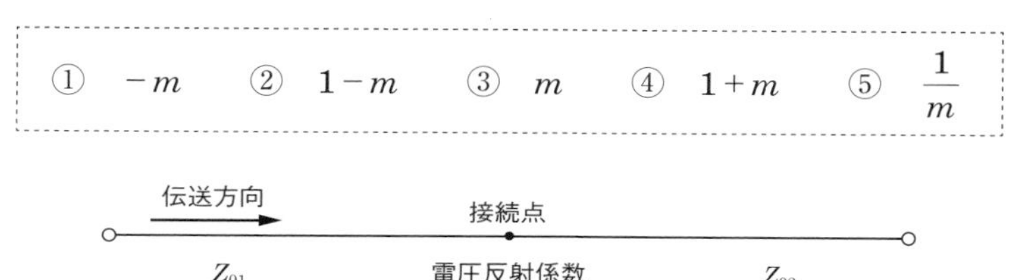

解説

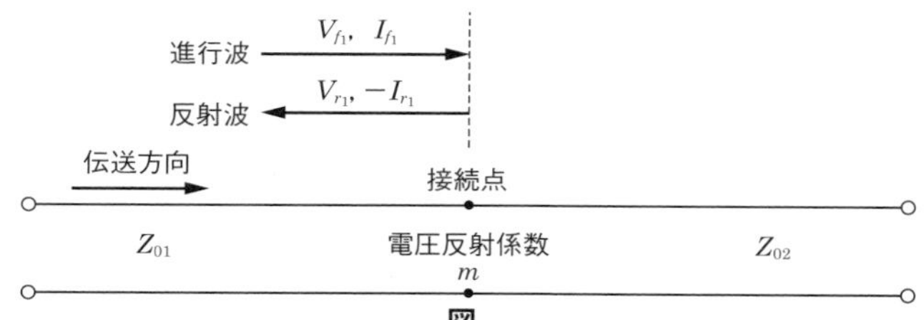

図

電圧反射係数とは，**図**に示す伝送方向の信号（進行波）の電圧 V_{f_1} と，反射して戻ってくる信号（反射波）の電圧 V_{r_1} の比です．一方，**電流反射係数**とは，進行波の電流 I_{f_1} と，反射波の電流 I_{r_1} の比です．

> **POINT**
> 反射波の電流は進行波の逆方向に流れるため，進行波の電流を正（＋）にすると，反射波は負（－）となる．

接続点の前では，進行波と反射波に対する特性インピーダンスは，ともに Z_{01} であるため，$I_{f_1}=V_{f_1}/Z_{01}$，$I_{r_1}=V_{r_1}/Z_{01}$ で

$$\text{電流反射係数}\quad \frac{I_{r_1}}{I_{f_1}}=-\frac{V_{r_1}}{V_{f_1}}=-m$$

【解答　①】

問 4 **電流反射係数** ☑☑☑ 【H31-1 問 7（H27-1 問 7）】

図に示すように，特性インピーダンスがそれぞれ600〔Ω〕と400〔Ω〕の伝送ケーブルを接続して信号を伝送すると，その接続点における電流反射係数は，[　　　]となる．

① −0.4　② −0.2　③ 0.2　④ 0.4　⑤ 0.6

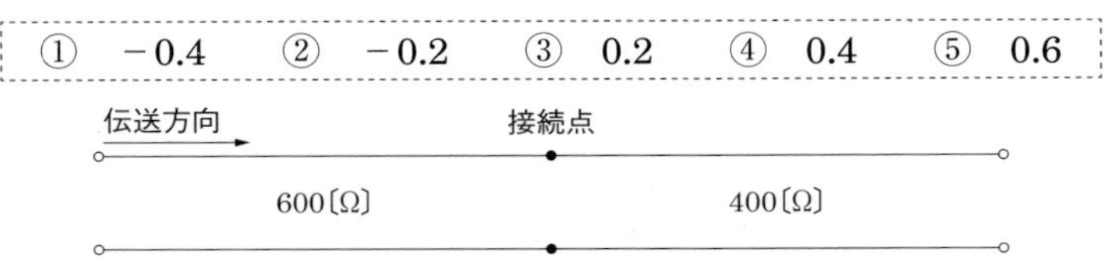

解説

本節 問2の解説より，特性インピーダンスがZ_{01}の伝送ケーブルに特性インピーダンスがZ_{02}の伝送ケーブルを接続したとき，その接続点における電圧反射係数mは，$m=\dfrac{Z_{02}-Z_{01}}{Z_{01}+Z_{02}}$となります．

設問より，$Z_{01}=600\ \Omega$，$Z_{02}=400\ \Omega$．

また，電流反射係数は本節 問3の解説より，電圧反射係数をmとすると，

$$電流反射係数=-m=\frac{Z_{01}-Z_{02}}{Z_{01}+Z_{02}}=\frac{600-400}{600+400}=\frac{200}{1\,000}=0.2$$

【解答　③】

注意しよう！
電圧反射係数と電流反射係数は，絶対値は同じであるが，極性（正負）が異なる．

4-2 雑　音

出題傾向

熱雑音に関する問題が多く出題されています.

問 1　**熱雑音**　☑☑☑　【R03-2 問 8（H29-2 問 8, H23-2 問 3）】

アナログ伝送方式の多重化された伝送路で発生する雑音のうち，増幅器内部で発生する平均雑音電圧 E は，$E=\sqrt{4kTBR}$ で表される．ここで，k はボルツマン定数，T は絶対温度，R は増幅器を一つの導体と見たときの実効抵抗を表し，B は対象とする［　　　］を表している．

① 白色雑音　② バイアスひずみ　③ 磁束密度
④ 雑音指数　⑤ 周波数帯域幅

解説

熱雑音は，抵抗体内の自由電子の不規則な熱振動（ブラウン運動）によって生じる雑音で，抵抗体内の**平均雑音電圧**は

$$E=\sqrt{4kTBR}$$

（k：ボルツマン定数，T：絶対温度，B：周波数帯域幅，R：抵抗値）

と表されます．

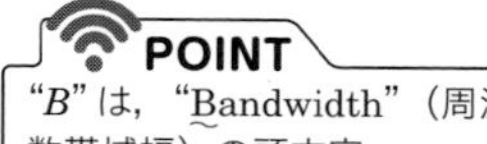

"B" は，"Bandwidth"（周波数帯域幅）の頭文字.

参考
抵抗体内で発生する平均雑音電流 $I=\sqrt{4kTB/R}$．雑音電力は $P=VI=4kTB$（抵抗値に依存しない）.

【解答　⑤】

4章 伝送技術

問2　熱雑音 ☑☑☑　【R03-1 問8（H29-1 問8，H24-2 問8）】

アナログ信号を伝送する場合，大きな妨害となる雑音の一つは中継器などで発生する熱雑音であり，その値（N）は，$N=kTBGF$ で与えられる．ここで，k はボルツマン定数，T は絶対温度，B は周波数帯域，G は中継器利得，F は［　　　］である．

① 搬送周波数　② 変調指数　③ 雑音指数
④ 信号強度　⑤ 遮断周波数

解説

中継器に入力する熱雑音は，$N_i=kTB$ と表されます（k：ボルツマン定数，T：絶対温度，B：周波数帯域）．入力側の S/N に対して，出力側の S/N がどれだけ劣化するかを示すパラメータとして，**雑音指数 F** が次のように定義されています．これは**雑音指数が大きいほど，出力側の SN 比の低下が大きい**ことを意味します．

$$F=\frac{S_i}{N_i}\div\frac{S_o}{N_o}=\frac{S_i}{S_o}\times\frac{N_o}{N_i}$$

（S_i：入力側信号レベル，S_o：出力側信号レベル，N_i：入力側雑音，N_o：出力側雑音）

利得 $G=S_o/S_i$，$N_i=kTB$ を代入すると

中継器で発生する出力側熱雑音　$N_o=N_i\dfrac{S_o}{S_i}F=kTBGF$

覚えよう！
熱雑音の式に含まれるパラメータは，以下のように用語の頭文字が使用されている．T（Temperature，温度），B（Bandwidth，周波数帯域幅），G（Gain，利得），F（Noise Figure，雑音指数）．

【解答　③】

問 3 **熱雑音** ☑☑☑ 【R02-2 問 7（H25-2 問 7）】

通信系で発生する雑音のうち，熱雑音は，その振幅の確率密度が分布に従う．

① ポアソン ② 一 様 ③ 指 数
④ 2項 ⑤ ガウス

解説

熱雑音は**ジョンソン・ナイキスト・ノイズ**とも呼ばれ，電気伝導体中の電荷担体（通常は電子）の熱によるランダムな動きによって発生します．このため，防ぐことができない雑音で，印加電圧の大小にかかわらず発生します．

POINT
自然界などの事象の多くは，標本数を十分多く取るとガウス分布に近づく．

熱雑音はほぼ**ホワイトノイズ**で，そのパワースペクトル密度は周波数スペクトル全域にわたってほぼ同じになります．

熱雑音は，全く不規則な波形をしていますが，熱雑音の波形を一定時間でサンプリングして振幅の確率密度をグラフにすると，**ガウス分布**（正規分布ともいう）となります．ガウス分布とは，平均値の付近に集積するようなデータの分布を表した確率分布で，分布曲線は平均値と分散の関数で表されます．

【解答 ⑤】

4-3 伝送路のSN比

出題傾向

伝送路における雑音レベルとSN比に関する問題が出されています.

問1 SN比 ☑☑☑ 【R03-2 問7（H28-2 問7, H24-1 問7)】

伝送路の雑音に対する伝送品質を表す尺度の一つとして，SN比が用いられる．受信入力端におけるSN比の設計値が18〔dB〕以上必要とされるモデムにおいて，伝送路の受信端での信号レベルが−7〔dBm〕であった場合，この伝送路に許容される雑音レベルは，［　　　］〔dBm〕以下である．

① −25　② −11　③ 11　④ 25　⑤ 32

解説

SN比とは，信号量と雑音量の比のことで，SN比が高いほど，信号に比べ雑音の影響が小さくなるため，信号の受信がより正確に行えるようになります．

POINT
雑音レベル＝信号レベル÷SN比．対数関数では引き算で計算．

雑音レベルをN，受信端での信号レベルをSとすると

$$\textbf{受信入力端での SN 比の設計値} = 10\log_{10}\frac{S}{N} = 18\ 〔\text{dB}〕$$

伝送路の受信端における信号レベルは

$$10\log_{10}S = -7\ 〔\text{dBm}〕$$

伝送路に許容される雑音レベルは

$$\begin{aligned}10\log_{10}N &= 10\log_{10}\left(S\cdot\frac{N}{S}\right)\\ &= 10\log_{10}S + 10\log_{10}\frac{N}{S}\\ &= 10\log_{10}S - 10\log_{10}\frac{S}{N}\\ &= -7-18 = -25\ 〔\text{dBm}〕\end{aligned}$$

【解答　①】

問2　**SN比**　☑☑☑　【H30-2 問7（H26-2 問7，H23-1 問7）】

8〔dB〕の伝送損失を持つ回線の受端における雑音レベルが−65〔dBm〕であった．この回線の送端から−12〔dBm〕の信号を送ると，受端におけるSN比は［　　　］〔dB〕となる．

①　45　　②　53　　③　57　　④　69　　⑤　77

解説

送端での信号レベルをS_1，受端での信号レベルをS_2，受端での雑音レベルをNとすると，回線の伝送損失が8〔dB〕であるため

$$10\log_{10}\frac{S_2}{S_1} = -8 \text{〔dB〕}$$

$$\textbf{受端におけるSN比} = 10\log_{10}\frac{S_2}{N}$$

$$= 10\log_{10} S_1 \cdot \frac{S_2}{S_1} \cdot \frac{1}{N}$$

$$= 10\log_{10} S_1 + 10\log_{10}\frac{S_2}{S_1} - \log_{10} N$$

$$= -12 - 8 - (-65) = 45 \text{〔dB〕}$$

【解答　①】

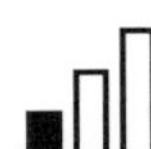

4-4 アナログ伝送路の電力

出題傾向

アナログ多重伝送路における電力和に関する問題が出されています.

問1	アナログ多重伝送路の電力和	【R02-2 問8(H28-1 問8, H27-1 問8)】

アナログ多重伝送路において，1回線当たりの平均電力が−15〔dBm〕のとき，互いに相関のない500回線の電力和は，[　　　]〔dBm〕である。ただし，$\log_{10} 3 = 0.5$，$\log_{10} 5 = 0.7$ とする.

① 8　② 12　③ 16　④ 20　⑤ 24

解説

アナログ方式の多重伝送路で，信号の間の相関がない場合

多重伝送路の電力和 P は，(回線数)×(1回線の電力) となります.

回線数を n，1回線の電力を P_1 とすると

$$P = 10\log_{10}(n \times P_1)$$
$$= 10\log_{10} n + 10\log_{10} P_1$$

POINT
真数の掛け算は対数関数(log) では足し算になる.

$n = 500$，$10\log_{10} P_1 = -15$〔dBm〕であるため

$$P = 10\log_{10} 500 - 15$$
$$= 27 - 15$$
$$= 12\ \text{〔dBm〕}$$

POINT
電力 P を dB で表す場合，$10\log_{10} P$ とする.

となります.

($10\log_{10} 500 = 10\log_{10} 5 + 10\log_{10} 100 = 7 + 10\log_{10} 10^2 = 7 + 20 = 27$ であるため)

【解答　②】

問2 アナログ多重伝送路の電力和 ☑☑☑ 【R01-2 問8（H27-1 問8，H24-1 問8）】

アナログ方式の多重伝送路において，1回線当たりの平均電力が－10〔dBm〕で互いに相関のない信号を1,000回線伝送しているとき，その電力和は，＿＿＿〔dBm〕である．

① －40　② －20　③ 20　④ 40　⑤ 50

解説

本節 問1と同様の問題で，それと同じ方法で解くことができます．

多重伝送路の電力和　$P = 10\log_{10}(n \times P_1)$

$$= 10\log_{10} n + 10\log_{10} P_1$$

$n = 1000$，$10\log_{10}P_1 = -10$〔dBm〕であるため

$$P = 10\log_{10}1000 - 10$$
$$= 10\log_{10}10^3 - 10$$
$$= 30 - 10$$
$$= 20 \text{〔dBm〕}$$

となります．

POINT

1 000倍は対数にすると30〔dB〕．

【解答 ③】

4-5 伝送路符号化

出題傾向

多くある伝送路符号化方式のそれぞれの特徴に関する問題が出されています.

問 1　**2 値符号**　☑☑☑　【H31-1 問 9】

デジタル信号を送受信するための伝送路符号化方式において，符号化後に高レベルと低レベルなど二つの信号レベルだけをとる 2 値符号には［　　　］符号がある.

① AMI　② PR-4　③ NRZI
④ MLT-3　⑤ PAM-5

解説

伝送路符号化方式では，電位の極性を変化させることで，デジタル信号（“0”と“1”の並び）を表現します．一般に電位が正（高レベル），0，負（低レベル）の信号レベルを用います．正，負の電位を E，$-E$ とします.

AMI（Alternate Mark Inversion）は，“0”は電位 0 とし，“1”が発生するごとに交互に電位を E および $-E$ にする方式です．**NRZ**（Non Return to Zero）は電位が 0 に戻らない符号化方式で，**NRZI**（Non Return to Zero Inversion）は，電位の反転（$E \to -E$，$-E \to E$）と電位の維持に，それぞれ“1”と“0”（あるいは“0”と“1”）を対応させる方式です．MLT-3 は，“0”のときは電位を維持する，“1”のときに電位を変化させる（$-E \to 0$，$0 \to E$，$E \to 0$）方式です．PAM-5（Pulse Amplitude Modulation）は，2 ビット（“00”，“01”，“10”，“11”の四つ）を $-E$，$-E/2$，$E/2$，E の電位に対応させる方式です.

PR（Partial Response）は，符号間干渉（異なる時刻のシンボルの波形が干渉しあうこと）を許すことで帯域の利用効率を高めた伝送方式で，PR-4 はその一種です.

二つの信号レベルだけをとる符号化方式は NRZI 符号です.

【解答　③】

問2 **バイポーラ符号** ☑☑☑ 【H30-2 問5 (H25-2 問5)】

メタリックケーブルを用いてデジタル伝送を行う場合は，一般に，ユニポーラ（単極性）符号をバイポーラ（複極性）符号に変換して送出することが多い．これは，バイポーラ符号の平均電力スペクトルには□成分がないという利点を利用したものである．

① 直　流　② 交　流　③ 雑　音
④ 側波帯　⑤ エネルギー

解説

POINT AMI 符号ではビット“1”の場合に極性を交互に変換．

バイポーラ符号の一つである **AMI 符号**（Alternate Mark Inversion code）を**図**に示します．AMI 符号では，ビット“0”を電位 0 で表し，“1”の極性を交互に変換します．つまり，最初の“1”のときに電位を E から 0 に変化させた場合，次の“1”では，電位を $-E$ から 0 に変化させます．その次の“1”では，電位を E から 0 に変化させます．ビットが“1”になるたびに，これらを繰り返します．ビットが“0”の場合は，常に電位 0 にします．

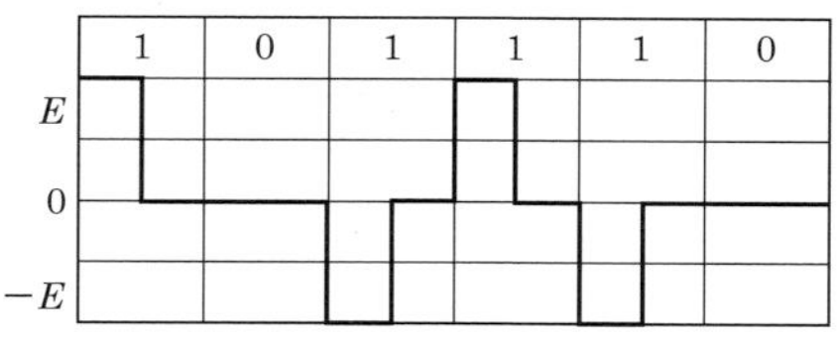

図　AMI 符号

これによって，**AMI 符号は交流信号に近いものとなり，直流成分の少ない信号となります**．伝送路では，信号の伝送中に周波数の低い部分がカットされる（**低域遮断**）ため，信号の直流成分を減らすことにより，信号減衰を避けることができます．

【解答　①】

4-6 情報源符号化

出題傾向

情報の符号化に関する問題で，「予測符号化」に関連する問題が多く出されています．

問1 **予測符号化** ☑☑☑ 【R03-2 問9（H29-1 問9，H25-1 問9）】

音声，ファクシミリ，映像などの信号のようにA/D変換過程における標本値間に強い相関がある場合に，これらの信号を効率よく伝送するための予測符号化では，一般に，過去の入力標本値から次の標本値を予測して，その予測値と実際の入力標本値の［　　　］を符号化して伝送する方法が用いられる．

① 差　異　② 積　③ 和
④ 共通部分　⑤ ランレングス

解説

予測符号化とは，時間的に前後にある，または空間的に近くにある画素の相関が高いことを利用して，伝送済みの画素からこれから伝送する画素の値を予測し，この予測値と実際の画素値の差異を符号化することによって，伝送情報量を圧縮する方式です．

予測符号化は伝送情報量の圧縮に使用．

なお，**ランレングス**とは，連続して現れるデータを繰り返しの回数で置き換えることによりデータ量を削減する方式です．たとえば，「AAAAABBBBBBC-CCCCCC」を「A5B6C7」と表すと，情報量は1/3に圧縮されます．

【解答　①】

問2 **予測符号化** ☑☑☑ 【H31-1 問5（H27-2 問5，H24-2 問5）】

原信号をデジタル化する際に近接する標本値間の相関が大きい音声やファクシミリなどの信号をデジタル伝送する場合，情報伝送を効率的に行うための手段の一つとして，情報の冗長性を取り除くことにより，伝送するデータ

のビット数を減らすことができる［　　　］が用いられる．

① 暗号化　② 直線符号化　③ バイポーラ符号化
④ セル化　⑤ 予測符号化

解説

問題文にある「情報の冗長性を取り除く」とは，伝送情報量を減らす（圧縮）ことであり，この方式として予測符号化が使用されます．これ以外の選択肢は，次に示すように，圧縮符号化とは関係がありません．

暗号化は，情報を第三者が解読できないようにすることを目的としたものです．直線符号化は直線量子化ともいい，アナログ信号の差と量子化レベルの間隔が等しくなるように量子化する方式です．バイポーラ符号化は，情報を伝送路上に伝送する場合に，情報をパルスのどの電位の組合せで表すかを規定した伝送符号化方式の一つです．伝送符号化方式は受信部の回路が情報を受信しやすくすることを目的にしています．セル化とは，データを分割してATMのセルに入れることです．

【解答 ⑤】

問3　コーデック　☑☑☑　【H30-1 問5（H26-1 問5）】

移動体通信などで用いられるコーデックは，一般に，アナログ信号とデジタル信号の相互変換を行う機能のほかに，周波数帯域の有効利用を図るための［　　　］機能も持っている．

① バッファ　② ローミング　③ スクランブル
④ 同報通信　⑤ 圧縮・伸張

解説

移動体通信では，固定網の回線に比べ使用可能な周波数帯域が制限されるため，**コーデック（CODEC）**で伝送情報量の圧縮・伸張を行います．コーデックは，**送信時に情報の圧縮**を行い，**受信時に元の情報に伸張して復元**します．

伝送情報量の圧縮・伸張を行うコーデックは，移動通信以外でも，たとえば固定網の通信で大量の映像情報などを伝送する場合などに使用されています．

【解答 ⑤】

4-7 アナログ伝送

出題傾向

アナログ信号を伝送する方式として，キャリア変復調に関する問題などが出されています．

問 1　アナログ変調方式　【R04-1 問 8(H30-1 問 8，H27-2 問 8，H25-1 問 8)】

搬送波を信号波で変調するキャリア変調には三つの方法があり，このうち位相角を変化させる方法と周波数を変化させる方法は，総称して［　　　］といわれる．

① パルスアナログ変調　② 角度変調　③ 直接変調
④ 振幅変調　⑤ 単側波帯変調

解説

アナログ変調には，**振幅変調**，**周波数変調**，**位相変調**の 3 種類があります．

振 幅 変 調：搬送波の振幅の変化で変調

周波数変調：搬送波の周波数の変化で変調

位 相 変 調：搬送波の位相の変化で変調

このうち，周波数変調と位相変調の総称を**角度変調**と呼びます．これは，アナログ変調の場合，位相変調と周波数変調で，変調信号がともに被変調信号 $A\cos(w_c t+\theta_c)$ の三角関数（cos）に含まれ，ほぼ同じ性質を有しているためです．

【解答　②】

問 2　FM 信号の復調方法　【R03-1 問 3（H27-1 問 3，H27-1 問 3)】

FM 信号の復調には，図に示す［　　　］回路などが用いられている．

① 帰還形 PCM　② 比検波　③ フォスターシーリー
④ AD－PCM　⑤ PLL

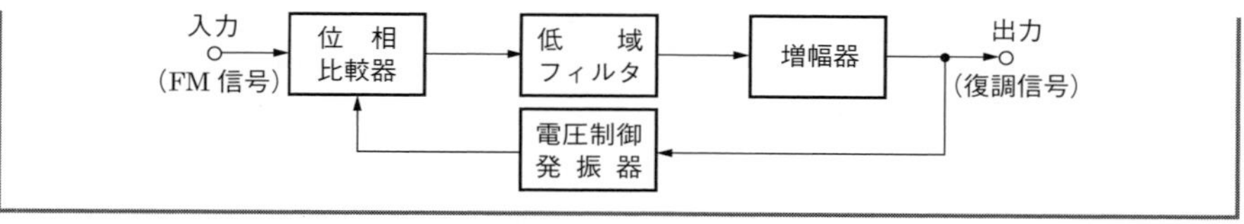

解説

FM 信号の復調には，PLL（Phase Locked Loop，位相同期回路）が使用されます．

PLL の位相比較器に FM 信号を入力すると，PLL は変調信号の周波数偏移に追従し，**電圧制御発振器**（Voltage Controlled Oscillator，**VCO**）の出力から入力信号と同じ FM 波を出力します．このとき，VCO の制御電圧が入力 FM 波の周波数偏移と一致して FM 復調信号となります．

【解答　⑤】

問 3　周波数特性の改善　☑☑☑　【H31-1 問 8（H28-2 問 8）】

アナログ伝送において，伝送信号の多重化により伝送帯域が広くなると，低周波域と高周波域との伝送損失の差が大きくなることから，伝送帯域内での SN 比を一定に近づけるため，低周波域の信号送出レベルを高周波域より下げ，その分高周波域の信号送出レベルを上げて伝送する方法は，［　　　］伝送といわれる．

① シリアル　② ベースバンド　③ パラレル
④ エンファシス　⑤ 周波数分割双方向

解説

アナログ伝送では，高周波域のほうが低周波域よりも伝送損失が大きく，信号レベル（振幅）が低下します．そこで，伝送帯域内での SN 比を一定に近づけるため，低周波域の信号送出レベルを高周波より下げ，その分高周波域の信号レベルを上げて伝送します．これを**エンファシス伝送**といいます．

【解答　④】

問 4	シャノンの定理 ☑☑☑	【H30-2 問 8（H26-1 問 8)】

アナログ電話回線用モデムを用いたデータ伝送において，伝送帯域幅とデータ伝送速度の関係を表す法則は，一般に，[　　　　]の法則といわれ，信号電力，雑音電力，使用する通信路の周波数帯域幅が決まると，その通信路で送れる最大伝送速度（通信容量）が計算できる．

① スネル　② シャノン　③ レンツ　④ ギルダー　⑤ クーロン

解説

アナログ電話回線用モデムを用いたデータ伝送において，伝送帯域幅とデータ伝送速度（通信容量）の関係を表す法則は，一般に，**シャノンの法則**といわれます．シャノンの法則によると，データ伝送速度（通信容量）は使用する通信路の周波数帯域幅に比例します．また，SN 比（信号と雑音の電力の比）が高いほど多くの情報を送ることができます．

【解答　②】

4-8 デジタル伝送

出題傾向

アナログ信号のデジタル化の過程（標本化，量子化，符号化），HDLC におけるフラグに関連する問題が，よく出されています．

問 1　同期方式　【R04-1 問 5（H28-1 問 5)】

データ伝送における同期方式には，特定のビットパターンとして 01111110 を送信データの前後に付加することによって，送信側と受信側の間で伝送ブロックの開始と終了の同期をとる［　　　］同期がある．

① 調　歩　② SYN　③ キャラクタ
④ フラグ　⑤ クロック

解説

特定のビットパターンとして，“01111110” を送信データの前後に付加することによって，送信側と受信側の間で伝送ブロックの開始と終了の同期をとる**フラグ同期**があります．

POINT
“01111110” を使用するフラグ同期は **HDLC 手順**で採用されています．

クロック同期は，パルスが変化するクロック単位の同期です．キャラクタ同期は制御用の文字符号（1 バイト）を使用して文字単位に同期をとる方式で，SYN 同期はキャラクタ同期の一種です．調歩同期は，1 文字ごとに最初にスタートビット，最後にストップビットを付加して同期をとる方式です．調歩同期，キャラクタ同期とも今はほとんど使用されていないベーシック手順という通信手順で使用されていた同期方式です．

【解答　④】

問 2　再生中継 ☑☑☑　【R04-1 問 9（H29-2 問 9，H26-1 問 9）】

デジタル伝送方式における再生中継の特徴として，一般に，原信号パルス列の再生が可能なことがあり，デジタル再生中継器には，パルスの振幅が閾値レベルを超えた場合にパルスを発生する［　　　］機能などが必要となる．

① 等化増幅　② リタイミング　③ 識別再生
④ スライサ　⑤ フィルタリング

解説

デジタル再生中継器では，受信した光信号を電気信号に変換した後，増幅・整形を行い，光信号に再度変換することにより，原信号パルス列の再生が可能です．

再生中継の機能は，**Reshaping（等化増幅）**，**Retiming（リタイミング）**，**Regenerating（識別再生）**の三つの機能からなり，これらの頭文字をとって**3R 機能**といいます．

これらの機能のうち，パルスの振幅が閾値レベルを超えた場合にパルスを発生させるのは識別再生です．

なお，等化増幅は減衰したパルスを増幅する機能で，リタイミングはパルスの立ち上がりと立ち下がりのタイミングを設定する機能です．

【解答　③】

問 3　量子化雑音 ☑☑☑　【R02-2 問 5（H26-2 問 5）】

アナログ音声信号（S）をデジタル信号に変換する過程で量子化雑音（N_Q）が生ずる．通話品質を良好に保つためには，S の大小にかかわらず S/N_Q を一定にすることが望ましいことから，送信側では，［　　　］といわれる変換が行われる．

① 不等間隔標本化　② 等間隔標本化　③ 直線量子化
④ 固定長符号化　⑤ 非直線量子化

解説

アナログ信号をデジタル信号に変換する過程は，標本化（サンプリング），量子化，符号化からなります．**標本化**では，一定の周期（サンプリング周期）でデータを抽出します．**量子化**では，抽出したアナログ信号の大きさを離散的な数値に変換します．**符号化**では，数値を 0 と 1 の 2 進数（デジタルデータ）に変換します．

量子化雑音とは，**量子化の際に生じる誤差**のことです．例えば，量子化を 10 段階で行う場合，アナログ入力信号値 5.2 を「5」にデジタル化した場合，量子化の誤差は 0.2 になります．

入力する音声信号の大小にかかわらず，伝送後の信号電力と量子化雑音の比（S/N_Q）をほぼ一定にするためには，**図**のように，入力電圧値の低い部分を高い部分より伸張して量子化することが必要です．この場合，入力電圧の低い部分では，入力電圧の幅（ΔX）よりも，出力電圧が広く伸張（ΔY）されます．図に示すように，入出力特性を示す線は曲線になります．つまり，非直線量子化が行われます．

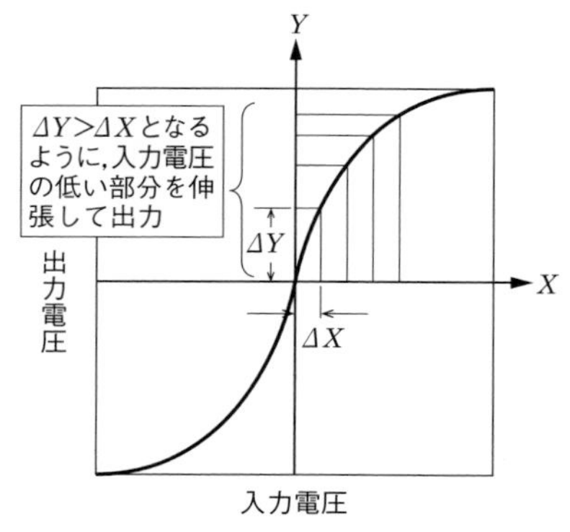

図　圧縮器の入出力特性

【解答　⑤】

参 考

直線量子化では，たとえば，「5.2」を量子化すると 5 に，「1.2」を量子化すると 1 になる．量子化誤差は，前者では 0.2/5 で 4〔%〕であるが，後者では 20〔%〕になる．このように，直線量子化を行うと入力する信号が小さいほど，量子化誤差が大きくなる．

問 4	HDLC 手順 ☑☑☑	【R01-2 問 5】

HDLC 手順では，フレームの区切りを示すフラグといわれる同期用符号のビットパターンとして［　　　］を使用する．

① 0111110　② 01111110　③ 011111110
④ 1000001　⑤ 10000001

解説

本節 問 1 の解説を参照してください．

【解答　②】

問 5	デジタル変調方式 ☑☑☑	【R01-2 問 9（H27-2 問 9）】

伝送する情報量を一定とし，1 符号（シンボル）当たりの多値レベル数を大きくすると［　　　］．

① 変調速度は低減できるが，耐雑音特性には関係がない
② 変調速度は低減できるが，耐雑音特性は低下する
③ 変調速度には関係しないが，耐雑音特性は改善される
④ 変調速度は高くなるが，耐雑音特性は改善される
⑤ 変調速度が低減し，耐雑音特性も改善される

解説

搬送波に情報を乗せるデジタル変調では，搬送波の振幅や位相，周波数を離散的な値に設定して，情報を搬送波に乗せます．**シンボルとは，1 回の変調で作成される信号の単位**です．

たとえば，信号を電圧の大きさ（振幅）で表す場合，設定可能な電圧の振幅が 4 段階（0，1v，2v，3v）の場合（この場合，多値レベル数は 4），1 回の変調で 2 ビットの情報を送れることになり，1 シンボルは 2 ビットとなります．1 シンボル当たりの情報を増やすには，振幅変調であれば，設定する振幅の段階（レベル）を多くする必要があります．

変調後に回線に送出される単位時間当たりの伝送情報量（**伝送速度**）は

1 シンボル当たりの情報量（1 回の変調で搬送波に乗せることができる情

報量)×変調速度(1秒間の変調回数)

となります.

このため,伝送情報量が一定の場合,1シンボル当たりの多値レベル数を多くすると,変調速度を減らすことができます.

しかし,多値レベル数を多くすると,振幅などのレベル間の間隔が狭くなるため,雑音が加わると,レベル間の区別がより難しくなります.つまり,雑音の影響を受けやすくなり,耐雑音特性が低下します.

【解答 ②】

問6 **PCM信号の多重化** ☑☑☑ 【H30-2 問9】

PCM信号の多重化に用いられる［　　　］方式は,チャネル別に送出されるパルス信号を時間的にずらして伝送することにより,伝送路を多重利用するものである.

① WDM　② SDM　③ TCM
④ TDM　⑤ FDM

解説

チャネル別に送出されるパルス信号を時間的にずらして伝送することでPCM信号を多重化する方式は**TDM**(Time Division Multiplexing,時分割多重)方式です.

WDM(Wavelength Division Multiplexing,波長分割多重)方式は,1心の光ファイバに複数の波長を多重・分離することにより,複数の光信号や上りと下りの光信号を同時に送受信可能とする光通信方式です.

SDM(Space Division Multiplexing,空間分割多重)方式は,複数のアンテナを利用し,指向性を変化させて空間的に違う経路を使って送信することで多重化を実現する方式です.

TCM(Time Compression Multiplexing,ピンポン伝送)方式は,上り信号と下り信号を交互に切り替えて一つの線路で双方向通信を実現する方式です.卓球の玉が交互にやり取りされる様子にたとえて,ピンポン伝送方式とも呼ばれます.

FDM(Frequency Division Multiplexing,周波数分割多重)方式は,周波数

ごとに異なる信号を多重化する方式です．

他の多重化方式として，拡散符号と呼ばれる特別な符号を用いて信号を多重化する **CDM**（Code Division Multiplexing，符号分割多重化）方式があります．

【解答　④】

問 7	標本化 ☑☑☑	【H30-1 問 9（H27-1 問 9，H24-2 問 9)】

アナログ信号をデジタル信号に変換して伝送するデジタル伝送方式において，アナログ信号を標本化することにより得られる［　　　］パルスは，アナログ信号波形の大きさを振幅で表している．

①　PAM　　②　PWM　　③　PPM　　④　PFM　　⑤　PCM

解説

図のようにアナログ信号を標本化（サンプリング）して，元のアナログ信号の大きさをパルスの振幅で表したものを PAM（Pulse Amplitude Modulation）といいます．

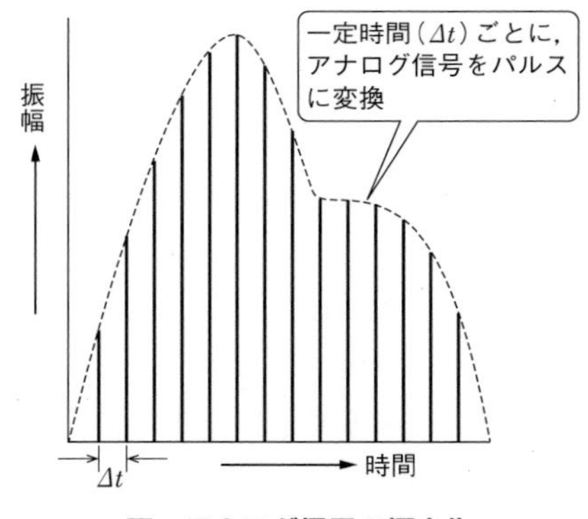

図　アナログ信号の標本化

【解答　①】

覚えよう！

アナログ信号をデジタル信号に変換して伝送する場合，標本化した後，振幅値の量子化，符号化を行うこと．

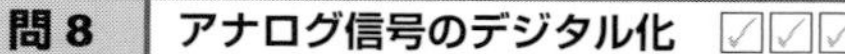

問 8 **アナログ信号のデジタル化** ☑☑☑ 【H29-2 問 13（H27-1 問 13)】

図は，アナログ信号をデジタル信号に変換して伝送し，受信側でアナログ信号に復号する方式をモデル化したものである．図中の A 及び B に入るものとして最も適した語句の組合せは，[　　　]である．

① プリエンファシス及びディエンファシス
② 分配及び集線
③ 変調及び復調
④ タイミング及びリタイミング
⑤ 圧縮及び伸張

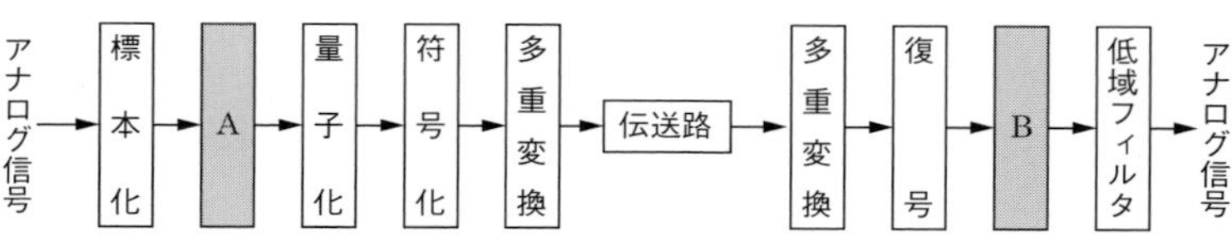

解説

アナログ信号のデジタル化では，まずアナログ信号の標本化を行った後，量子化する前に信号の圧縮が行われます．伝送したあと，受信側では，復号したあとに圧縮の逆の処理として伸張が行われます．アナログ信号の量子化については本節 問 3，標本化については本節 問 7 の解説を参照してください．

【解答　⑤】

問 9 **データ通信速度** ☑☑☑ 【H29-2 問 16（H24-1 問 16)】

データ通信において，伝送路上を 1 秒間に伝送できるビット数は，[　　　]といわれ，単位には〔bit/s〕が用いられる．

① 処理速度	② データ信号速度	③ 変調速度
④ 情報転送能力	⑤ スループット	

解説

データ通信において，bit/s はデータ通信速度の単位で，1 秒間に伝送されるビット数，つまり情報量を意味します．bps とも表記され，ほとんど同様の問題がbpsを単位として出題されたことがあります.

変調速度は，1秒間に変調が行われる回数で，1回の変調で複数のビットが運ばれる場合もありますので，変調速度とデータ伝送速度は一致しません.

スループットや情報転送能力は，情報転送速度を含む広い概念です．ここでは具体的な伝送ビット数を問われているので，解答としては「データ信号速度」が最も適切です.

【解答　②】

問10　**量子化**　☑☑☑　【H29-1 問5（H24-1 問5）】

PCM方式で音声信号を伝送するとき，一般に，入力する音声信号の大小にかかわらず，伝送後の信号電力と量子化雑音電力との比をほぼ一定にするために，音声信号に対して圧縮，伸張の処理が行われる．この場合，圧縮器には，[　　　]で表される入出力特性を持たせ，伸張器にはその逆の特性を持たせる.

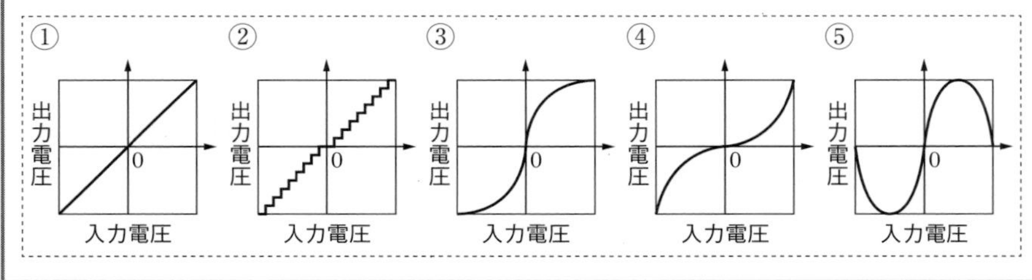

解説

量子化雑音については本節 問3の解説を参照してください.

入力する音声信号の大小にかかわらず，伝送後の信号電力と量子化雑音の比をほぼ一定にするためには，本節 問3の図のように，入力電圧値の低い部分を高い部分より伸張して量子化することが必要です．この場合，入力電圧の低い部分では，入力電圧の幅（図のΔX）よりも，出力電圧が広く伸張（図のΔY）されます.

【解答　③】

4-9 光ファイバ

出題傾向

光ファイバの分散に関する問題が多く出されています．分散の種類と，それがどの光ファイバ（マルチモード，シングルモード）で発生するか，また，各分散が光ファイバ伝送に与える影響についてなどです．

問 1　光ファイバの分散　☑☑☑　【R04-1 問 18（H27-2 問 18，H24-2 問 18）】

光ファイバの伝送帯域を制限する主な要因のうち，マルチモード光ファイバ特有のものとして，［　　　］がある．

① 吸収損失　② 構造分散　③ 材料分散
④ レイリー散乱　⑤ モード分散

解説

分散とは，入力された光信号が，伝送路を伝搬している間に時間的に広がってしまうために伝送帯域が制限される現象です．これにより，伝送速度や伝送距離が制限されます．

光ファイバの分散にはさまざまな種類があります．最も伝送帯域を制限する要因となる分散は**モード分散**で，これは**マルチモード光ファイバ**特有の分散です．

マルチモード光ファイバとシングルモード光ファイバにおいて生じる分散については，本節 問 7 と問 8 の解説を参照してください．

【解答　⑤】

問 2　光ファイバの構造　☑☑☑　【R04-1 問 20（H27-2 問 20）】

シングルモード光ファイバでは，伝搬する光はコアからクラッドに漏れ出すことから，コアとクラッドの境界部分を明確に識別することが困難である．このため，シングルモード光ファイバの構造を決定するパラメータとして，光強度分布から求められる［　　　］が用いられる．

4章 伝送技術

① モードフィールド径　② 比屈折率差
③ 遮断波長　④ 開口数　⑤ 偏心率

解説

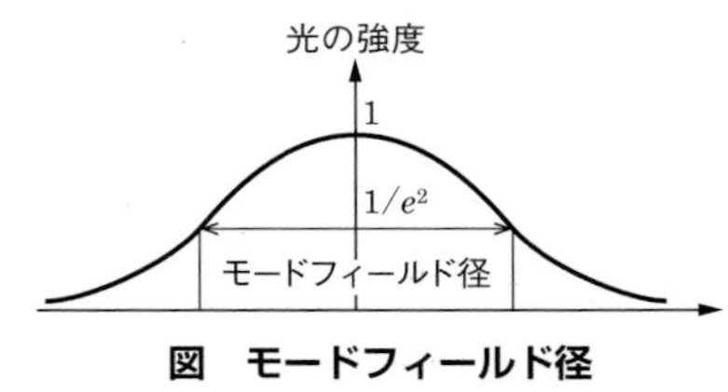

図　モードフィールド径

シングルモード光ファイバの構造は，**モードフィールド径**，**偏心率**，**外径**，および**遮断波長**の四つのパラメータによって決定されます．このうち，モードフィールド径は，**図**に示すように，光強度が最大値（コアの中心部分）に対して $1/e^2$（e は自然対数の底）になるところの直径です．シングルモード光ファイバではコア径が小さく，また比屈折率差が小さいので，光学的手法ではコアとクラッドとの境界部分を明確に識別することが困難であるため，便宜的に光エネルギーの分布からコアとクラッドの境界面を読み取っています．

【解答　①】

問 3　**光ファイバの製造方法**　☑☑☑
【R03-2 問 18（H30-2 問 18，H29-1 問 18，H26-2 問 18，H24-1 問 18）】

光ファイバでは，中心部のコアと外周部のクラッドの屈折率の差により，光がコア内に全反射しながら伝搬するが，この屈折率の差は，製造段階において，主材である石英ガラスなどに添加する［　　　］の種類や量により調整される．

① プリフォーム　② テンションメンバ　③ フェルール
④ OH 基　⑤ ドーパント

解説

光ファイバ通信では，コアとクラッドの屈折率差を利用した全反射によって光をコアに閉じ込めて伝送します．コアとクラッドの屈折率差の調整は，ドーパント（添加剤）を使用して行います．

解答群に挙げられた語句はすべて光ファイバに関するものですので，その概要を説明します．

- **プリフォーム**：光ファイバの製造過程の第1段階で製造される外径数〔mm〕～数十〔cm〕，長さ数十〔cm〕～数〔m〕程度のガラス棒で，光ファイバと同じ屈折率分布を有します．このプリフォームを加熱し，外径を一定に制御しながら細く長く引き伸ばすことによってプリフォームの屈折率分布を保ちながら，1本のプリフォームから数〔km〕～数百〔km〕の細径の光ファイバを製造します．代表的な光ファイバの製造方法として，NTTが開発したVAD法と，米国で開発されたMCVD法があります．
- **OH基**：化合物中の水素原子（H）と酸素原子（O）からなる部位で，水などが該当します．これが光ファイバに含まれると，光を吸収するため，光信号の損失の原因となります．
- **テンションメンバ**：光ファイバケーブルの心線に許容量以上の張力が加わらないように，中心部に入れる鋼線です．
- **フェルール**：図に示すように，光ファイバのコアの中心をコネクタの中心に設定するための部品です．このフェルールどうしを，スリーブをガイドにして精度よく突合せ接続できるようにしたものがフェルール型コネクタです．コネクタの組立ては，フェルールへの光ファイバの挿入，固定，フェルール端面研磨の順に行われます．端面の研磨は端面の不完全性による接続損失を抑えるために行います．

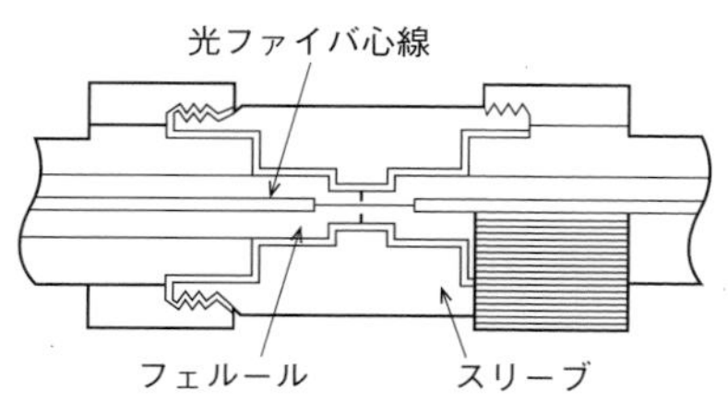

図　フェルール型コネクタ

【解答　⑤】

覚えよう！

解答群に挙げられた語句．これらは光ファイバで重要な役割を果たすもので，今後の試験でも出題される可能性が高いと予想されます．

問 4	光ファイバの分散 ☑☑☑	【R03-1 問 18（H30-1 問 18，H25-2 問 18）】

シングルモード光ファイバにおける［　　　］は，信号光に波形ひずみを発生させ，伝送帯域を制限する要因となる．

① 吸収損失　② モード分散　③ 波長分散
④ レイリー散乱　⑤ フレネル反射

解説

伝送帯域幅が大きいということは，より多くの情報を送れることを意味し，伝送帯域幅が制限されるということは，送信できる情報量が少なくなることを意味します．

光ファイバの場合，伝送帯域を制限する原因として**分散**があります．分散とは，入力された光信号が，伝送路を伝搬している間に時間的に広がってしまう現象で，**図 1** に示すように，信号の広がりが大きくなると，信号の区別ができなくなってしまいます．

図 1　分散によって生じる伝送帯域の制限

分散は**図 2** のように分類されます．

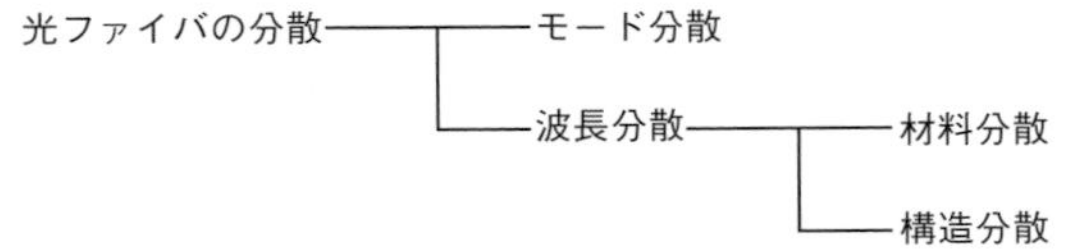

図 2　光ファイバの分散の分類

モード分散とは，光の複数の伝搬モードの間で伝送速度が異なるために発生する波形の広がりです．モード分散は，複数の伝搬モードを持つマルチモード光ファイバ特有の分散で，シングルモード光ファイバでは発生しません．

光ファイバ中を伝搬する光は波長がわずかに異なる光の集まりで，波長によって光の伝搬時間が異なるために伝搬中に光の波形が広がります．この現象を波長分散といいます．**波長分散**は，シングルモード光ファイバとマルチモード光ファイバの両方に発生します．

よって，シングルモード光ファイバにおいて，信号光に波形のひずみ(広がり)を発生させて伝送帯域を制限させる要因は，波長分散です．

参 考

波長分散は，材料分散と構造分散に分けられる．光は光ファイバの中を全反射しながら伝搬するが，光ファイバの材料であるガラスの屈折率が光の波長によって異なるために，光の伝搬速度が波長によって異なってくる．これによって生じる波形の広がりが材料分散である．
光ファイバでは，コアとクラッドの屈折率差が小さいため，完全な全反射にはならず，光の一部がクラッド部分にしみ出すが，波長ごとのしみ出しの割合の相違が波長ごとの伝送路長の相違をもたらす．これに起因する波形の広がりが構造分散である．
分散による伝送帯域の制限は，モード分散がほかの分散に比べてかなり大きく，その次に，材料分散，構造分散の順になっている．

【解答 ③】

覚えよう！

光ファイバの分散の種類と，それがどの光ファイバ（マルチモード，シングルモード）で発生するか，また，各分散が光ファイバ伝送に与える影響について．

問5 シングルモード ☑☑☑ 【R03-1 問20（H29-1 問20）】

光ファイバ中を基本モードだけが伝搬できる最も短い波長は，[　　　]波長といわれ，これより短い波長に対してはマルチモード伝搬状態になる．

① ゼロ分散　② 臨　界　③ カットオフ
④ ブラッグ　⑤ ラマン

解説

光ファイバの基本モードのみ伝搬する状態とは，コアの中を伝搬する光のモード数が一つ(シングルモード)であることを意味します．光ファイバ中を基本モードだけが伝搬できる最も短い波長は，**カットオフ波長**（遮断波長ともいう）といわれ，これより短い波長に対してはマルチモード伝搬になります．

光ファイバがシングルモードとなる条件の詳細は，本節 問2の解説を参照してください．

【解答 ③】

問6　光ファイバの損失要因 ☑☑☑　【R02-2 問18（H27-1 問18）】

光ファイバの損失要因の一つであるレイリー散乱損失は，コアの屈折率の不均一によって生ずるもので，［　　　］の4乗に反比例する．

①　コア径　②　開口数　③　比屈折率差
④　周波数　⑤　波　長

解説

光ファイバの伝送距離を制限する要因として，モード分散による伝送帯域の制限と，光ファイバの損失があります．光ファイバの損失とは，光ファイバ内を伝わっていく光のエネルギーの減衰の度合いを表します．光ファイバの損失要因として次のことが挙げられます．

- **レイリー散乱**：光がその波長に比べてあまり大きくない物質に当たったときに光が散乱する現象をレイリー散乱といいます．光ファイバの製造では，プリフォームを2,000〔℃〕程度の高温に加熱し糸状に線引きしますが，このとき，光ファイバのガラスに密度のゆらぎが生じます．これが屈折率のゆらぎになり，レイリー散乱の原因となります．レイリー散乱の大きさは，波長の4乗に反比例し，波長が長くなるほど小さくなります．

覚えよう！
光ファイバの三つの損失要因．

- **吸収損失**：光ファイバの中を伝わる光が光ファイバ自身によって吸収され，熱に変換されることによる損失で，ガラス固有の吸収による損失と，ガラス内の不純物による損失があります．ガラス固有の吸収損失には，紫外吸収と赤外吸収があり，紫外吸収は波長0.1〔μm〕近くに損失ピークを，赤外吸収は10〔μm〕近くに損失ピークを持ちます．
- **構造不完全による損失**：光ファイバの構造不均一（不完全）による散乱損失です．光ファイバは，一般にコアとクラッドの境界面に微妙な凹凸が存在します．このような凹凸があると光は散乱し，一部がコアの外へ放射されます．なお，製造方法の進歩によりこの損失は無視できるほど小さくなっています．

参考
ここで述べた光ファイバの損失は敷設された光ファイバの中を流れる光の損失である．光の損失要因としては，これらのほかに光ファイバの曲げによる損失，二つの光ファイバを接続したときの軸ずれによる損失，発光素子から光ファイバに光を入射するときに外部に漏れることによる損失などがある．

【解答　⑤】

問7　光ファイバの分散 ☑☑☑　【R01-2 問18（H25-1 問18）】

ステップインデックス（SI）型多モード，グレーデッドインデックス（GI）型多モード及びシングルモード（SM）の3種類の同じ長さの光ファイバについて伝送帯域幅を比較すると，光の分散などの影響により［　　　］の順で狭くなる．

① SM → SI型多モード → GI型多モード
② SM → GI型多モード → SI型多モード
③ SI型多モード → SM → GI型多モード
④ SI型多モード → GI型多モード → SM
⑤ GI型多モード → SI型多モード → SM

解説

分散の種類として，モード分散と波長分散があります．このうち，最も，伝送帯域の制限をもたらす分散が**モード分散**です．

シングルモード光ファイバではモード分散がないため，分散による伝送帯域の制限がマルチモード光ファイバに比べ少ないです．**マルチモード（多モード）光ファイバ**には，**ステップインデックス（SI）型**と**グレーデッドインデックス（GI）型**がありますが，グレーデッドインデックス型は，モード分散が小さくなるように，コアとクラッド間の屈折率分布が放物線状に緩やかになるように設計したものです．

よって，分散は，SM，GI型多モード，SI型多モードの順に大きくなり，伝送帯域幅はこの順に狭くなります．

【解答　②】

問8　光ファイバの分散 ☑☑☑　【H31-1 問18】

石英系光ファイバの伝送損失が最小となる波長1.55 μm帯で波長分散が最小となるように光ファイバの波長分散特性を調整した光ファイバは，［　　　］光ファイバといわれる．

① 分散シフト　② 分散補償　③ 分散フラット
④ 偏波保持　⑤ ノンゼロ分散シフト

解説

石英系シングルモード光ファイバでは，1.3〔μm〕付近で波長分散が最小となり，1.55〔μm〕付近で伝送損失が最小となります．そこで，波長分散が最小になる付近が1.55〔μm〕にシフトするように構造を変えた光ファイバを，**分散シフト光ファイバ**と呼びます．分散シフト光ファイバは長距離伝送に適しています．

分散補償は，波長分散による信号波形の歪みを補償することです．

分散フラットファイバは，1.4〔μm〕および1.6〔μm〕付近でゼロ分散となる光ファイバで，広い帯域にわたって分散をゼロに近づけたものです．

偏波保持ファイバは，複屈折のランダムな揺らぎが光の偏光を大きく変えないように，大きな複屈折を持つようにした光ファイバです．

ノンゼロ分散シフトファイバは，ゼロ分散波長を1.55〔μm〕帯から少しずらすことにより，1.55〔μm〕帯で非線形光学現象を抑制した光ファイバです．

【解答　①】

問9　FTTH用ケーブル　☑☑☑　【H29-2 問20（H26-1 問20，H24-1 問20）】

テープ心線を＿＿＿＿の溝型スロットに収容した架空用光ファイバケーブルは，中間後分岐が可能であるため，FTTH網の架空区間に適用される．

① 星形カッド　② DMカッド　③ 対撚(よ)り
④ 層撚り　⑤ SZ撚り

解説

FTTHの架空区間部分の光配線形態の例を**図1**に示します．架空区間には，テープ心線をSZ撚りの溝型スロットに収容した**SZ撚りテープスロット型光ファイバケーブル（SZケーブル）**が使用されます．

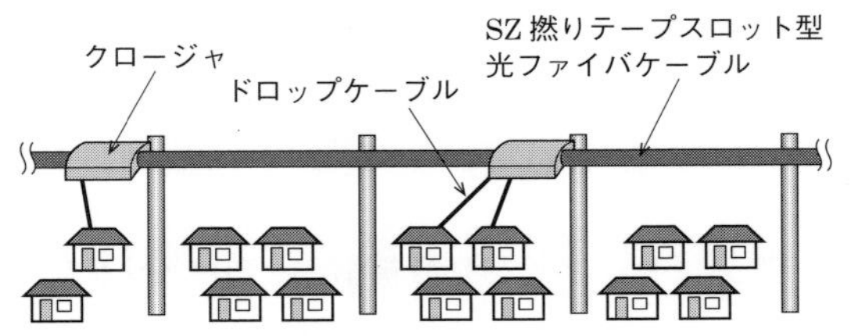

図1　FTTHの架空区間部分の光配線形態

SZ光ファイバケーブル（SZケーブルともいう）では，スロットの撚りによって生じる光ファイバのたるみを利用して光ファイバを切断することなく，ケーブルから取り出すことができます（**図2**）.

ユーザからFTTHの加入申し込みがあった場合,SZケーブルの中間部にクロージャが設置されます．その後，クロージャ内でSZケーブルから光ファイバを分離してドロップ光ケーブルと接続し，加入者宅まで光ファイバを配線します．これら一連の作業を**中間後分岐**といいます.

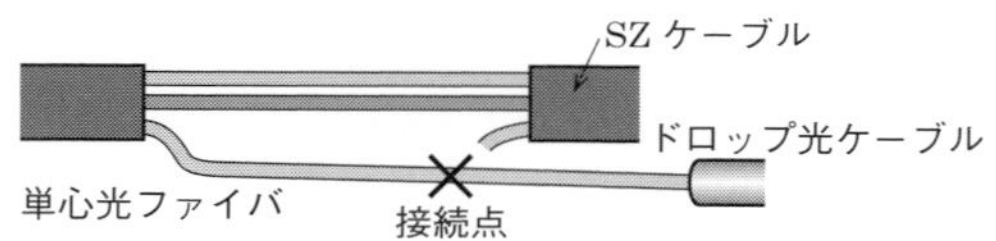

図2　SZ光ファイバケーブルの中間後分岐

【解答　⑤】

4-10 光 通 信

出題傾向

光増幅器，光アイソレータに関する問題がよく出されています．

問 1　変調方式　【R02-2 問 9（H28-2 問 9）】

光通信に用いられる半導体レーザ（LD）の出力光を変調する方式としては，LD の駆動電流に信号電流を重畳することにより，LD の励起量を変化させる［　　　］変調方式がある．

① 直　接　② SSB　③ 間　接
④ 二　重　⑤ 外　部

解説

光通信での光信号の変調方式は，直接変調方式と外部変調方式に分類されます．半導体レーザ（LD）の駆動電流に信号電流を重畳することにより電気信号を光信号に変換して変調する方式は，**直接変調方式**です．

これに対して，安定なレーザ光を発振させたうえで，光に対して変調を加える変調方式を**外部変調方式**といいます．

直接変調方式は外部変調方式に比べ，一般に波長の精度が粗く高速化や長距離伝送が難しいですが，小型化が可能で消費電力が低いという特徴があります．

【解答　①】

問 2　光増幅器　【R02-2 問 20（H25-2 問 20）】

光通信システムに用いられるエルビウム添加光ファイバ増幅器は，コアにエルビウムを添加した光ファイバ内に所要の波長の励起光を入射することにより発生する［　　　］を利用して光信号を増幅するものである．

① 自然放出　② 誘導放出　③ レイリー散乱
④ 誘導ラマン散乱　⑤ 誘導ブリルアン散乱

解説

光ファイバ増幅器は，希土類イオンをコアに添加した光ファイバを増幅媒体としたもので，波長多重された光信号を一括して増幅できます．特に**エルビウム添加光ファイバ増幅器**（EDFA）は，増幅可能な光の波長帯域が伝送ファイバの低損失波長帯域と一致しているため，WDM（波長分割多重）方式を適用した大容量光通信の実現に重要な役割を果たしています．

図にEDFAの構成概要を示します．図で励起光源から出された励起光がエルビウム添加光ファイバに入射するとエルビウムイオンは励起光を吸収し，電子状態は基底状態から励起状態へと変化します．この状態で信号光が入射されると励起状態にあるエルビウムイオンは誘導放出を起こし，信号光が増幅されます．

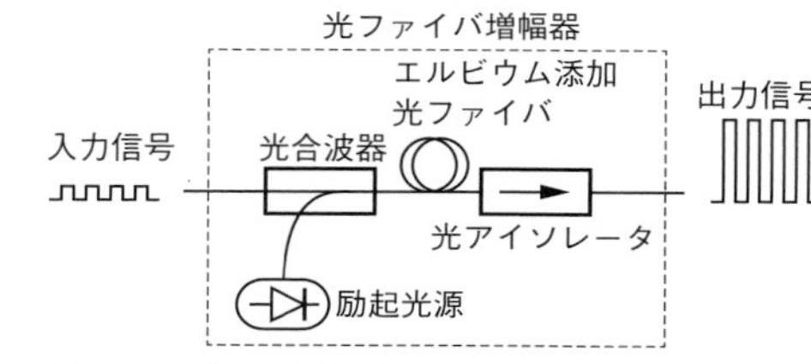

図　エルビウム添加光ファイバ増幅器の構成概要

【解答　②】

問3　**光通信用機器**　☑☑☑　【H30-2 問20】

半導体レーザモジュールや光ファイバ増幅器において，反射光を阻止して動作を安定化させるために使用される[　　　]は，光を単一方向にだけ進行させる機能を有するデバイスである．

①　光ファイバカプラ　　②　光アイソレータ　　③　光共振器
④　光波長フィルタ　　⑤　光クロスコネクト

解説

光ファイバカプラは，光信号を分岐・合流，分波・合波するデバイスです．

光アイソレータは，順方向に進む光のみを透過し，逆方向の光を遮断するデバイスです．

光共振器は，対面させた鏡の間に光を閉じ込め，特定の波長の光強度を増幅する機器です．

光波長フィルタは，特定の波長の光のみを透過されるフィルタです．

光クロスコネクトは，光ファイバにおいてデータ伝送のための光通信路の切り替えを行うための装置です．

【解答　②】

問 4　**アイソレータ**　☑☑☑　【H30-1 問 1（H26-1 問 1）】

マイクロ波通信，光通信などの電磁波の伝搬において非可逆回路として動作するアイソレータには，電磁波が磁界内に置かれた媒質を通過する際に，［　　　］により偏波面が回転する現象を応用したものが多く用いられている．

① ペルチエ効果　② 誘導ラマン散乱　③ ファラデー効果
④ ゼーベック効果　⑤ フレネル反射

解説

アイソレータは，電磁波を一方向だけ伝え，途中で反射して戻ってくる逆方向の電磁波を阻止する役割を持ちます．これを実現するために，電磁波が磁界内に置かれた媒質を通過する際に電磁波の偏向面が回転する**ファラデー効果**を利用します．

光は電磁波の一種であるため，アイソレータは光にも適用できます．参考のため，光アイソレータがファラデー効果を利用して反射光を遮断する原理を以下に説明します．

光を含め電磁波は，**図 1** に示すように，互いに直交する電界と磁界が振動しながら伝わっていきます．この電界と磁界の振動方向が一方向だけの場合を**直線偏光**（電磁波の場合，直線偏波）と呼びます．

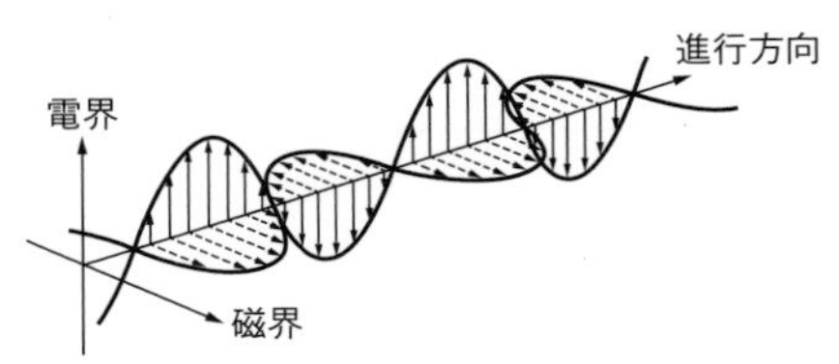

図 1　電磁波の電界と磁界の振動方向

光アイソレータでは，**図 2** に示すように，特定の方向に偏光している光だけを通す**偏光子**と，ファラデー効果を利用して光の偏光の向きを変える**ファラデー回転子**を光の進行方向に置くことによって，反射光を遮断します．図２で，偏光子は順方向の光は通すが，反射して戻ってくる光はファラデー回転子によって偏光の方向が順方向の入射光に比べ 90〔°〕変わっているため，偏光子Ａを通ることができず遮断されます．

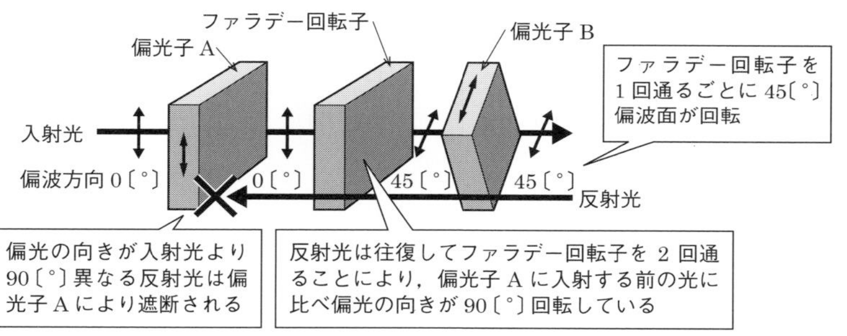

図２　光アイソレータの基本構造

【解答　③】

覚えよう！

電磁波は電界と磁界が振動しながら伝搬すること．特定の方向に偏光している光だけを通す素子（偏光子）があること．

問５　光増幅器　☑☑☑　【H29-2 問 18（H26-2 問 20）】

光ファイバ増幅器で生ずる ASE 雑音は，光増幅に伴って発生する［　　　］によるものであり，光ファイバ増幅器の雑音特性を決定する要因となる．雑音特性を表す指標となる雑音指数は，完全な反転分布が実現された理想的な光ファイバ増幅器では最小値の 3〔dB〕となる．

①　誘導ラマン散乱　　②　誘導放出光　　③　ブラッグ反射
④　自然放出光　　⑤　誘導ブリルアン散乱

解説

光ファイバ増幅器は，多中継の WDM 伝送システムにおいて，電気信号に変換することなく，光のまま信号の増幅を行う装置です．光ファイバ増幅器において信号対雑音比を劣化させる要因として **ASE**（Amplified Spontaneous Emission）**雑音**があります．ASE 雑音は，自然放出光（Spontaneous Emission）が誘導放出によって増幅されたもので，光ファイバ増幅器の主な雑音要因となります．

POINT
自然放出光とは，励起状態にある原子が外部からの作用によらずエネルギーの低い状態に遷移することにより発生する光で，これが光ファイバ増幅器で増幅されて雑音となる．

雑音指数は，入力信号の SN 比を出力信号の SN 比で割ったもので，

$$
\begin{aligned}
\text{雑音指数} &= \frac{\text{入力信号レベル}}{\text{入力雑音}} \div \frac{\text{出力信号レベル}}{\text{出力雑音}} \\
&= \frac{\text{入力信号レベル}}{\text{出力信号レベル}} \times \frac{\text{出力雑音}}{\text{入力雑音}}
\end{aligned}
$$

と表され，光ファイバ増幅器が低雑音であるほど，雑音指数が小さくなります．

反転分布とは，エネルギーの高い電子の数がエネルギーの低い電子の数よりも多い状態のことで，反転分布がより完全な状態に近くなるほど，信号光レベルに対する自然放出光のレベルが相対的に小さくなるため雑音指数は小さくなります．雑音特性を表す指標となる雑音指数は，完全な反転分布が実現された理想的な光ファイバ増幅器では最小値の 3〔dB〕となります．

【解答　④】

4-11 メタリックケーブル

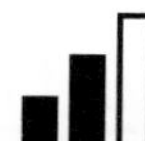

出題傾向

メタリックケーブルのモデル（分布定数回路）と伝送損失に関する問題がよく出されています．

問 1　架空線路設備工事　☑☑☑　【R03-2 問 20】

平衡対メタリックケーブルを用いた架空線路設備工事において，自己支持型（SS）ケーブルを敷設する場合，一般に，風によるケーブルの振動現象であるダンシングを抑えるため，［　　　］方法が採られる．

① ケーブルを架渉する電柱を太くする
② ケーブル支持線径を細くする
③ ケーブルに捻回を入れる
④ ケーブルの支持間隔を長くする
⑤ ケーブル接続部にスラックを挿入する

解説

自己支持型ケーブルは，通信線と並行して支持線が一体化されたケーブルです．風圧やケーブル自重などの応力を支持線に負担させます．支持線と通信線との連結部にスリットを設けて風の通り道を作ることにより，ダンシング現象を抑制するものもあります．

ダンシング現象は，風によってケーブルに揚力が生じ，ケーブル自体のねじれ振動と相乗して自励振動が発生する現象です．これによりケーブル外被の損傷が生じやすくなります．

ダンシングの防止策には，ケーブルに捻回（ねじってまわすこと）を入れる方法，ケーブルの支持間隔を短くする方法があります．ケーブルに捻回をいれる方法では，風圧による揚力が上方向にかかる箇所と下方向にかかる箇所ができ，ダンシング現象を抑えることができます．

【解答　③】

問 2	伝送損失 ☑☑☑	【R01-2 問 20（H28-1 問 20，H25-1 問 20）】

メタリック平衡対ケーブルの伝送損失は，伝送周波数が 4〔kHz〕程度までは緩やかに増加し，100〔kHz〕を超えると，[　　　　]効果による抵抗の増加，心線間の静電容量やコンダクタンスの影響などにより，急激に増加する．

① ペルチエ　② ドップラー　③ 圧 電
④ カー　⑤ 表 皮

解説

メタリックケーブルでは，**表皮効果**により，**高い周波数の信号は導線の表面のほうへ集中**してきます．電気信号が導線の表面に集中すると，電気信号が伝送される導線の断面積が小さくなるため，抵抗が増加します．

導線を電流が流れると磁界が生じ電流の変化を妨げる力が生じます．表皮効果の原因は，導線の表面は中心部分に比べ磁束との交差が少ないため，電流を妨げる力が表面に近いほど小さくなるためです．

信号の周波数が大きくなることによるメタリックケーブルの伝送損失の増加要因としては，表皮効果による抵抗の増加のほかに，静電容量や漏れコンダクタンスの影響があります．

メタリックケーブルでは，二つの導線間に電気を蓄積する静電容量が存在します．信号の周波数が大きくなると，この**静電容量**により心線間で漏れる電流が大きくなります．

漏れコンダクタンスとは，二つの導線間で絶縁物を通して流れる漏えい電流の割合を示します．メタリックケーブルで周波数が高くなると，漏れコンダクタンスが急激に大きくなります．

メタリックケーブルでは，回路定数としての抵抗 R，インダクタンス L，静電容量 C，漏れコンダクタンス G が，線路に沿って一様に分布しているものとみなすことができます．回路素子が有限の個数で集中することなく，無限に分布している回路のモデルを**図**に示します．dx は対象とする線路の微小な区間の長さを示します．このように回路定数が線路の長さ方向に分布した回路を**分布定数回路**といいます．なお R，L，C，G が集中しているものとする回路は**集中定数回路**といいます．

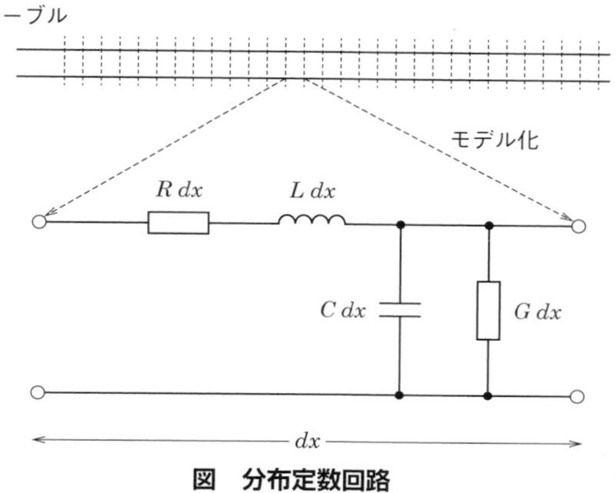

図　分布定数回路

【解答　⑤】

問3	減衰定数 ☑☑☑	【H30-1 問7】

一様なメタリック線路の減衰定数は線路の一次定数から導かれ，［　　　］によりその値が変化する．

①　信号の位相　　②　信号の周波数　　③　減衰ひずみ
④　負荷インピーダンス　　⑤　信号の振幅

解説

本節 問2の解説に示すように，一様なメタリック線路は分布定数回路とみなすことができます．この分布乗数回路において，線路上に発生する単位長さ当たりの回路定数R，L，C，Gを一次定数と呼びます．

線路の電圧・電流の減衰を示す減衰定数αと位相の変化を示す位相定数βを二次定数といい，一次定数から算出することができます．線路上の信号の周波数をωとすると，音声周波程度の場合，減衰定数αは次式のように近似されます．

$$\alpha \approx \sqrt{\frac{\omega CR}{2}}\left\{1-\frac{1}{2}\left(\frac{\omega L}{R}-\frac{G}{\omega C}\right)\right\}$$

30〔kHz〕程度以上の高周波の場合は，以下のように近似されます．

$$\alpha \approx \frac{R}{2}\sqrt{\frac{C}{L}}+\frac{G}{2}\sqrt{\frac{L}{C}}$$

ここで，信号の周波数が高くなると R は表皮効果や近接効果により値が大きくなっていきます．

以上より，減衰定数は信号の周波数により，その値が変化することがわかります．

【解答　②】

問 4	心線被覆 ☑☑☑	【H30-1 問 20】

アクセス系設備に用いられる地下用メタリック平衡対ケーブルには，ポリエチレンと比較して［　　　］率が小さい発泡ポリエチレンを心線被覆に用いたものがある．

① 誘　電　　② 導　電　　③ 透　磁
④ 電気抵抗　　⑤ 弾　性

解説

メタリックケーブルでは，通信線の間で静電誘導による漏話（ノイズ）が発生します．これは平行に設置される 2 本の通信線がコンデンサとして動作することで蓄えられる電荷によるものです．

これを避けるため，通信線間の静電容量を抑えるように，通信線を覆う外被に誘電率が低いものを使います．誘電率は誘電体の誘電分極のしやすさを示すもので，誘電率が高いほど，コンデンサの静電容量は大きく（電荷を蓄えやすく）なります．

ポリエチレンに比誘電率の小さい空気の気泡を発生させた発泡ポリエチレンは，通常のポリエチレンよりも誘電率が低くなります．

【解答　①】

5章 無線通信技術

本章の出題項目

5-1　移動通信
5-2　無線 LAN
5-3　衛星通信
5-4　アンテナ

5-1 移動通信

出題傾向

多元接続技術（特に CDMA）に関する問題がよく出題されています．

問 1　**CDMA**　☑☑☑　【R03-2 問 17（H29-2 問 17，H25-2 問 17）】

携帯電話などの移動体通信における多元接続技術として用いられる CDMA 方式では，複数のユーザが同一の周波数帯域と時間を共有して通信を行い，各ユーザに割り当てられた[　　　　]によりユーザの識別が行われている．

①　拡散符号　②　サブキャリア　③　ベースバンド信号
④　多値信号　⑤　タイムスロット

解説

CDMA（Code Division Multiple Access，**符号分割多元接続**）方式は，ユーザごとに異なる拡散符号を割り当て，各ユーザの信号にそれぞれ異なる符号を乗算し，すべてのユーザの信号を合成して一つの周波数を使って送信します．受信側のユーザは，相手の符号を合成信号に乗算することにより，通信相手の信号のみを取り出すことができます．このように，**CDMA では，拡散符号を使用することによって，同一の周波数を使用して同時に複数のユーザの通信が可能**です．

> **POINT**
> CDMA では拡散符号によってユーザを識別．

CDMA は第 3 世代携帯電話の多元接続方式として使われていました．CDMA 以降の技術として，3G 以降の携帯電話（LTE など）で用いられている OFDM（Orthogonal Frequency Division Multiplexing，直交周波数分割多重）方式があります．隣り合う周波数の副搬送波（サブキャリア）どうしの位相を互いに直交させて周波数帯域の一部を重ねることで，高密度な周波数分割を行います。OFDMA（Orthogonal Frequency Division Multiple Acces，直交周波数分割多元接続）方式は，OFDM と時間を分割してユーザごとに異なる時間に信号を伝送する TDMA（Time Division Multiple Access，時分

> **覚えよう！**
> 携帯電話の三つの多重化方式（FDMA，TDMA，CDMA）の原理．

割多元接続）を組み合わせた方式で，LTE や 5G で使われています．

携帯電話の多元接続方式としては，ユーザごとに異なる周波数を割り当てて多重化して伝送する FDMA（Frequency-Division Multiple Access，周波数分割多元接続）と，TDMA があります．FDMA は第 1 世代，TDMA は第 2 世代の携帯電話で使用されました．

【解答 ①】

問 2 移動通信サービス ☑☑☑ 【R01-2 問 12】

移動通信サービスにおいて，ユーザが契約している通信事業者のサービスエリア以外の地域に移動端末が移動したとき，移動先の地域でサービスを提供している通信事業者のネットワークに当該移動端末を接続して，当該ユーザが契約している通信事業者のサービスと同等のサービスが受けられる機能は，一般に，［　　　］といわれる．

① フォーミング　② ダイバーシチ　③ ハンドオーバ
④ ローミング　⑤ 番号ポータビリティ

解説

ローミングとは，ユーザが契約している通信事業者のサービスエリア以外の地域であっても，事業者が提携している事業者のエリア内であれば，元の契約先の事業者のサービスと同等のサービスが受けられること，または，そのようなサービスのことをいいます．

ハンドオーバは，移動通信においてユーザが移動する際に，自動的に交信する基地局を切り替える動作のことです．通常，瞬時に切り替えが行われ，通信は継続されますが，通信方式や電波状態などによっては接続が切れる原因となることもあります．

【解答 ④】

5章 無線通信技術

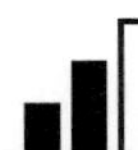

5-2 無線LAN

出題傾向

OFDMやスペクトル拡散などの変調方式に関する問題が出題されています.

問1	伝送方式 ☑☑☑	【R04-1 問13 (H27-2 問13)】

無線LANの伝送方式には，小出力電力で耐干渉性や秘匿性を確保するため，衛星通信でも利用されている［　　　］方式を用いたものがある.

①　ベースバンド　　②　共通線信号　　③　スペクトル拡散
④　振幅変調　　⑤　周波数変調

解説

無線通信の伝送方式で，無線の干渉の影響が少なく，秘匿性の確保が可能な方式はスペクトル拡散方式です．スペクトル拡散方式として，**直接拡散**と**周波数ホッピング**があります.

直接拡散では，信号に拡散符号としてPN（Pseudo Noise）符号（擬似雑音符号）を付加することにより，信号を広い周波数帯域に広げ，周波数当たりの信号強度を小さくして送信します．PN符号を付加し信号を拡散することにより，秘匿性を確保します．また，信号の周波数帯域を広げることにより，周波数当たりの雑音の影響を小さくできます．直接拡散方式は無線LANでは，IEEE 802.11bに適用されています.

周波数ホッピングは，一定の伝送帯域の中で高速に周波数帯を切り替えて信号伝送を行う方式です．周波数帯の切替えが高速で，切替えパターン（ホッピングパターン）が第三者にはわからないため，情報の秘匿性を確保できます．また，使用する周波数帯を分散させることにより，特定周波数帯で雑音の影響を強く受ける確率を小さくできます.

【解答　③】

問 2　変調方式 ☑☑☑　【R04-1 問 17（H30-1 問 17，H24-2 問 17）】

無線 LAN システムで用いられる OFDM 方式は，マルチキャリア伝送方式の一種であり，高速な信号系列を［　　　］複数のサブキャリアに分割して並列伝送する方式である．

① キャリア間にガードバンドを設けた
② キャリアごとにフィルタを設けた
③ 時間により切り替わる特定の周波数から構成される
④ 直接拡散方式を用いて変調する
⑤ 直交する

解説

OFDM（Orthogonal Frequency Division Multiplexing，**直交周波数分割多重**）方式は，無線 LAN 規格 IEEE 802.11a と IEEE 802.11g で使用されている変調方式です．

OFDM では**図**に示すように，信号の送信に複数の周波数の副搬送波（サブキャリア）を使用し，それぞれのサブキャリアにデータ信号を分散して乗せて伝送します．OFDM ではサブキャリア間の干渉を少なくするために，図のように各サブキャリアの中心周波数とほかのサブキャリア信号の零点（信号の電力密度が零になる周波数）を一致（直交）させています．

覚えよう！
OFDM は多数のサブキャリアに情報を乗せて伝送するため高速データ通信に適している．移動通信網の高速データ通信規格である LTE（Long Term Evolution）にも適用されている．

【解答　⑤】

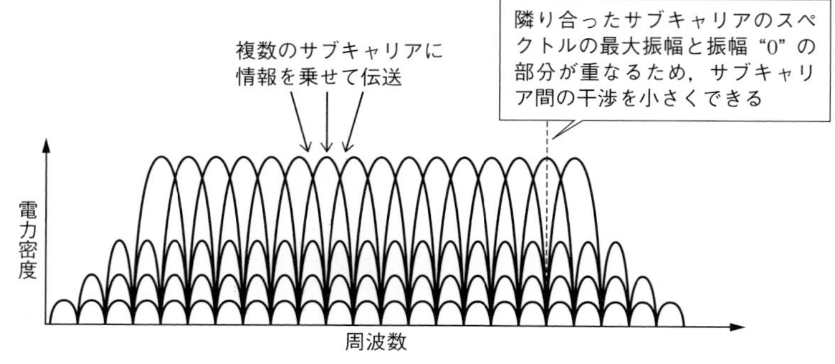

注：帯域制限のない矩形パルスの伝送の場合

図　OFDM における周波数スペクトル

5章 無線通信技術

問3	ネットワーク形態 ☑☑☑	【R03-2 問5（H29-2 問5，H28-2 問5）】

無線 LAN システムで用いられるネットワーク構成において，[　　　　]によるネットワークは，基本となる一つの基地局（アクセスポイント）と，その配下の複数の端末で構成される．

① インフラストラクチャモード　② アドホックモード
③ リピータ接続　④ バックボーンネットワーク
⑤ アソシエーション

解説

無線 LAN のネットワーク構成として**図**に示す2種類があります．複数の端末が基地局（アクセスポイント）を介して通信する形態を**インフラストラクチャモード**，端末どうしが直接通信し合う形態を**アドホックモード**といいます．

無線端末がルータを介して光ファイバを使用した固定網と通信する場合，ルータが基地局となってインフラストラクチャモードで通信します．また，**多数の端末をネットワークに収容する場合もインフラストラクチャモードで通信を行う必要**があります．このため，一般のネットワークでは，インフラストラクチャモードが使用されます．

アドホックモードでは基地局を必要とせず，端末局のみでネットワークが構成されます．

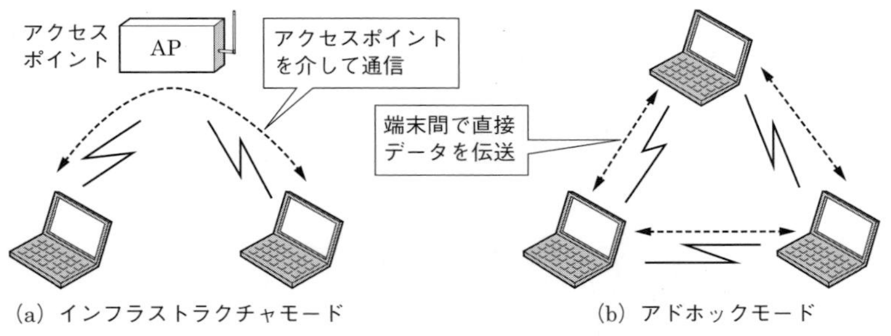

図　無線 LAN のネットワーク構成

【解答　①】

5-3 衛星通信

出題傾向

多元接続方式，低雑音増幅器に関する問題が出されています．

問 1　多元接続方式　　【R02-2 問 17（H28-2 問 17）】

デジタル衛星通信などで用いられる時分割多元接続方式は，［　　　］という利点を持っている．

① スペクトルを拡散して送信するため，干渉波や妨害波の影響を少なくすることができる
② 複数の基地局からの送信を一つの無線搬送周波数で処理できる
③ 2 基地局間の固定通信に適し，伝送帯域が小さくて済む
④ 多数の無線搬送波を使用するため，フェージングの影響を抑圧できる
⑤ 各基地局間の送信時間の同期をとる必要がない

解説

時分割多元接続（Time Division Multiple Access，TDMA）とは，同一周波数の電波を使用して，時間が区切られたタイムスロットをそれぞれの無線局に割り当てて多元接続を行う技術で，②が正解です．それ以外の選択肢は以下の理由により誤りです．

① スペクトル拡散を行う多元接続方式は符号分割多元接続（CDMA）です．
③ 時分割多元接続では，2 地球局間の固定通信ではなく，任意の無線局間の通信が想定されています．
④ 使用する搬送波の周波数は一つで，複数の無線搬送波の使用を前提としていません．
⑤ 時分割多元接続では，タイムスロットを使用する無線局からの送信データが重ならないようにするため，送信時間の同期が必要です．

【解答　②】

問 2	低雑音増幅器 ☑☑☑	【H30-2 問 17（H28-1 問 17）】

衛星通信では，遠方からの微弱な電波を増幅する必要があるため，受信機の初段には低雑音増幅器の素子として，［　　　］が用いられる．

① EDFA（Erbium Doped Fiber Amplifier）
② TWT（Traveling Wave Tube）
③ GTO（Gate Turn-Off thyristor）
④ HEMT（High Electron Mobility Transistor）
⑤ IGBT（Insulated Gate Bipolar Transistor）

解説

衛星通信では，減衰した微弱な電波が受信されるため，雑音の発生が少ない**低雑音増幅器**が受信機として使用されます．この低雑音増幅器の素子として，**ガリウムヒ素・高電子移動度トランジスタ（GaAs HEMT）**が使用されています．GaAs HEMT（High Electron Mobility Transistor）は，高移動度の 2 次元電子ガスの効果を利用し，高周波の低雑音増幅に適しています．

EDFA（Erbium Doped Fiber Amplifier，エルビウム添加光ファイバ増幅器）は，波長多重された光信号を一括して増幅するものです．TWT（Traveling Wave Tube，進行波管）は，マイクロ波の増幅を行う電子管です．GTO（Gate Turn-Off thyristor）は，ゲートに逆方向の電流を流すことにより，ターンオフ（電流を切断）できる機能をもつサイリスタです．IGBT（Insulated Gate Bipolar Transistor，絶縁ゲート型バイポーラトランジスタ）は，高耐圧・大電流に適したパワー半導体デバイスです．

【解答　④】

5-4 アンテナ

出題傾向

八木・宇田アンテナ，開口面アンテナに関する問題が出されています．

問 1 八木・宇田アンテナ ☑☑☑ 【R01-2 問 17（H27-1 問 17，H25-1 問 17）】

3 素子八木・宇田アンテナの各素子は，電波が放射される方向から見て ［　　　］ の順に配置されている．

① 導波器―放射器―反射器　② 導波器―反射器―放射器
③ 反射器―導波器―放射器　④ 放射器―反射器―導波器
⑤ 放射器―導波器―反射器

解説

八木・宇田アンテナの各素子の位置は**図**のように，電波が放射される方向から見て，**導波器，放射器（輻射器ともいう），反射器**の順となります．これらの素子のうち，放射器から受信した信号が受信機に送られます．

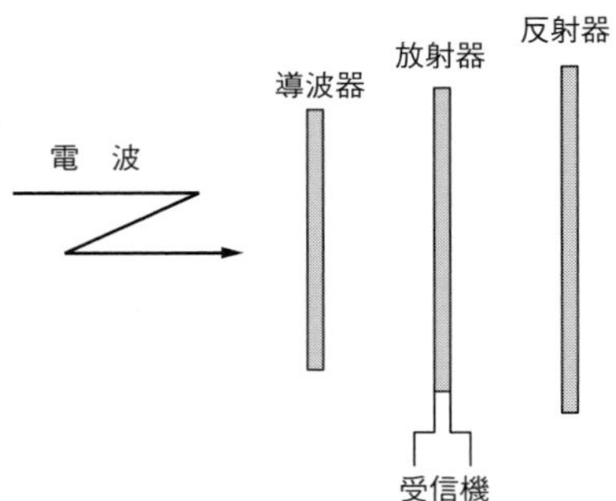

図　八木・宇田アンテナの素子と構成概要

各素子の長さは，電波の波長を λ とすると，放射器が $\lambda/2$ 程度，反射器が $\lambda/2$ より少し長く，導波器が $\lambda/2$ より少し短くなります．導波器と放射器，放射器と反射器の間隔は $\lambda/4$ 程度です．導波器を置くことにより，放射器と導波器の電波が互いに強め合って導波器の方向の電波の指向性が高くなります．放射器の

5章 無線通信技術

前に導波器を複数置くとさらに利得（電波の受信強度）が増加します．

逆に，反射器からの電波と放射器からの電波は弱め合って，放射器から見て反射器の方向の電波の指向性は低くなります．

【解答　①】

覚えよう！

八木・宇田アンテナの特徴．

・放射される方向から見て導波器，放射器，反射器の順に配置される．
・電波の指向性は，放射器から見て導波器の方向が高い．
・長さは放射器が約 $\lambda/2$ で，導波器がこれより少し短く，反射器が最も長い．
・導波器を増やすと利得が増加する．

問２　開口面アンテナ　☑☑☑　【H31-1 問 17（H29-1 問 17）】

開口面アンテナにおいて，アンテナの開口面積を S，電波の波長を λ とすると，S が一定の条件では，アンテナの利得は［　　　］．

① λ に比例する　② λ の２乗に比例する　③ λ に反比例する
④ λ の２乗に反比例する　⑤ λ の影響を受けない

解説

開口面アンテナの利得 G は以下のように表されます．

覚えよう！
アンテナの利得の式．

$$G = \frac{4\pi}{\lambda^2}\eta S$$

ここで，λ：波長，η：アンテナの開口効率，S：開口面積．

開口面積 S が一定の条件では，利得は波長の２乗に反比例します．

【解答　④】

6章 ネットワーク技術

本章の出題項目

6-1　ネットワーク構成
6-2　電話網と電話交換機
6-3　トラヒック理論
6-4　番号方式
6-5　アクセスシステム
6-6　その他

6-1 ネットワーク構成

出題傾向

ネットワークトポロジの問題として，メッシュ型ネットワーク（網状網）の構成と回線数を問う問題，広域ネットワークのスイッチに関する問題が出されています．

問 1	**網状網** ☑☑☑	【R04-1 問 12（H29-2 問 12)】

網状網を構成する通信網において，交換ノードの総数が 8 である場合，各交換ノード間を結ぶリンクの総数は，［　　　］となる．

① 24　　② 28　　③ 56　　④ 64　　⑤ 128

解説

図より，網状網のノード数 N は，どのノードどうしも接続するメッシュ構成となっているため，ノードどうしを接続するリンクの数は，組合せの公式より

$$
{}_N\mathrm{C}_2 = \frac{N(N-1)}{2}
$$

となります．

星状網のノード数 N は，中央に一つのノードがあり，これと $N-1$ 個のノードが接続されているため，交換ノードのリンクの数は $N-1$ 個となります．

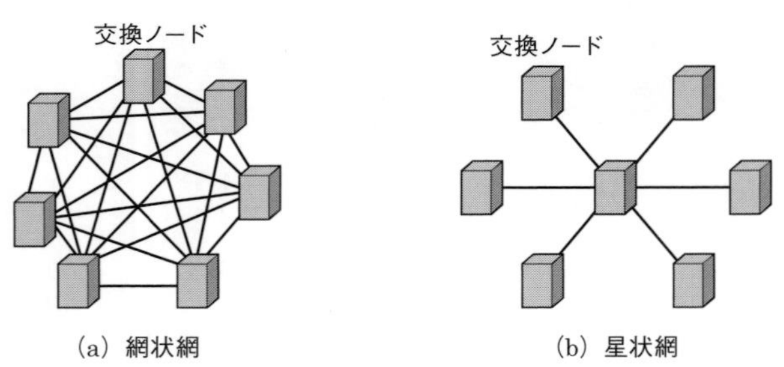

(a) 網状網　　(b) 星状網

図　通信網のトポロジー

【解答　②】

問2　相互接続 ☑☑☑　【R03-1 問12（H27-2 問12，H25-1 問12）】

異なる電気通信事業者のネットワーク相互を接続するための接続点は，一般に，＿＿＿といわれる．

①　SIP　②　アクセスポイント　③　STP
④　POI　⑤　ゲートキーパ

解説

異なる電気事業者のネットワーク相互を接続するための接続点を**POI**（Point Of Interface）といいます．

似た用語としてIX（Internet Exchange）がありますが，これはインターネットの一次ISP（Internet Service Provider）どうしを接続するポイントです．

POIの例として，NTTコミュニケーションズやKDDIなどの長距離国際通信会社と，NTT東西会社などの地域通信事業者のネットワークを相互接続するポイントなどがあります．

【解答　④】

問3　網形態 ☑☑☑　【R03-1 問13（H30-2 問13，H25-1 問13）】

ネットワークトポロジにおいて，全てのノード間を直接リンクで結ぶ形態である＿＿＿型ネットワークは，トラヒックの多い基幹ネットワークに適用され，ノード数がNの場合，必要なリンク数は，$\dfrac{N(N-1)}{2}$となる．

①　ループ　②　ツリー　③　バス
④　スター　⑤　メッシュ

解説

「メッシュ（mesh）」は「網」という意味です．**メッシュ型ネットワーク**は**網状網**ともいい，各ノードが本節 問1の図(a)のように接続されます．

【解答　⑤】

6章 ネットワーク技術

問4	広域イーサネットのスイッチ ☑☑☑	【R01-2 問13(H29-1 問13，H24-2 問13)】

広域イーサネットにおいて，[　　　　]は，アクセス回線を通してユーザのトラヒックを収容する機能を持ち，ユーザトラヒックを該当のユーザポートから広域イーサネットに接続されている当該のユーザグループに転送している．

① コアスイッチ　② エッジスイッチ　③ ファイバチャネル
④ トランスポンダ　⑤ VoIP ゲートウェイ

解説

広域イーサネットでは，イーサネットのレイヤ2スイッチによってデータの転送・中継を行います．レイヤ2スイッチは，**図**に示すように，アクセス回線を通して，ユーザネットワークを接続する**エッジスイッチ**と，広域イーサネット内部にあって，エッジスイッチ間のデータの中継を行う**コアスイッチ**からなります．

「エッジ（edge）」は「端」という意味で，「エッジスイッチ」はネットワークの端にあるスイッチを意味する．

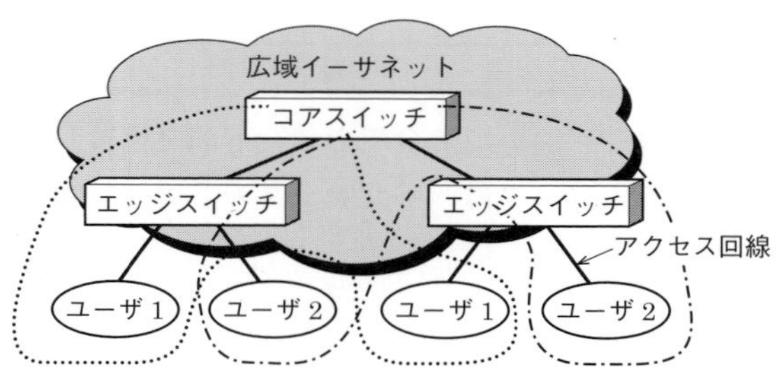

図　広域イーサネットの構成

広域イーサネットでは，ユーザグループごとに**VPN**（Virtual Private Network，**仮想プライベート網**）を構成し，一つのVPN内に閉じてデータの転送を行います．該当のパケットの転送先のユーザグループの識別は，イーサネットフレームのヘッダに置かれているVLAN ID（仮想LAN識別子）で行います．

【解答　②】

問 5　網状網 ☑☑☑　【H30-1 問 12（H26-2 問 12）】

交換ノード数が N の通信網を構成する場合，各交換ノード間を結ぶリンクの総数は，網状網では[　　　]になる．

① $\dfrac{N(N-2)}{2}$　② $\dfrac{N(N-1)}{2}$　③ $N(N-1)$

④ N^2　⑤ $N!$

解説

本節 問 1，問 3 の解説を参照してください．

【解答 ②】

6-2 電話網と電話交換機

出題傾向

電話網における呼接続の制御信号と，共通線信号方式に関する問題がよく出されています．

問 1	監視走査機能	【R04-1 問 10（H29-1 問 10，H26-2 問 10）】

電話用デジタル交換機の基本機能のうち，加入者の発呼や終話を検出する働きを持つものは，［　　　］機能である．

① ハイブリッド　② スイッチ制御　③ 信号送受
④ 番号翻訳　⑤ 監視走査

解説

電話交換機において，加入者線に流れるループ電流を監視し，加入者の発呼や終話，切断を検出する機能を監視走査機能といいます．

ユーザが電話機の受話器を上げる（**オフフック**）と，交換機の加入者回路→加入者線→電話機→加入者線→交換機の加入者回路の順でループ状に電流が流れるため，この電流が一定値以上になったとき発呼とみなします．また，受話器をおろす（**オンフック**）と，ループ電流が切れるため，これを検出して終話または切断とみなします．

【解答　⑤】

問 2	呼接続制御信号 【R04-1 問 15（H31-1 問 15，H28-1 問 15，H25-2 問 15）】

公衆交換電話網（PSTN）の信号方式において，交換機が着信側の端末を呼び出し中に，その端末の加入者線ループを検出したとき，発信側の端末に対して回線の極性を反転することにより送出する監視信号は，［　　　］といわれる．

① 起動信号　② 応答信号　③ 選択信号
④ 呼出信号　⑤ 起動完了信号

解説

電話がつながるまでに，電話交換機と端末（電話機）に流れる信号を**図**に示します．

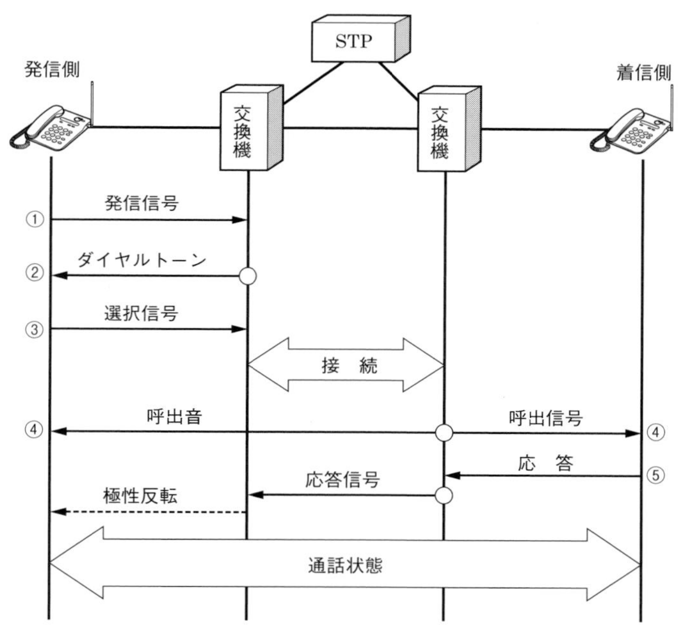

STP：Signal Transfer Point，信号中継局

図　発信から通話状態までの信号シーケンス

以下は図の説明です．

① 発信側の端末の受話器を上げると，端末から交換機に**発信信号**が流れる．

② 交換機は発信信号を送ってきた端末に「ダイヤルトーン」を出す．端末はダイヤルトーンを受信すると，受話器から「プー」という音により発信側ユーザに電話をかける準備ができたことを知らせる．

③ 発信側はダイヤルして**選択信号**を送る．交換機は選択信号を受信すると，STP（信号中継局）を介してどこの交換機を経由するか決定して，相手交換機まで接続する．

④ 発信側端末には呼出音が送られ，着信側端末には**呼出信号**が送られる．

⑤ 着信者が受話器をとり応答すると，**応答信号**が発信側交換機に送られ，発

信側端末には回線の極性を反転することにより応答を知らせる．

以上のように，着信側端末が応答したときに発信側交換機に応答信号が送られます．

【解答　②】

覚えよう！

電話がつながるまでに送信される信号と信号の意味．

問3	電話網のトラヒック制御 ☑☑☑ 【R03-2 問12（H28-2 問12，H26-1 問12）】

公衆交換電話網（PSTN）では，トラヒックが集中し，異常輻輳（ふくそう）が生じた場合，［　　　］などのトラヒックコントロールを行う．

① フロー制御，発信規制，順序制御
② フロー制御，出接続規制，発信規制
③ フロー制御，出接続規制，順序制御
④ 迂（う）回接続規制，出接続規制，発信規制
⑤ 迂回接続規制，フロー制御，順序制御

解説

電話交換網（PSTN）では，**輻輳**が発生した場合に次のトラヒック制御を行います．

- 迂回接続規制：異常輻輳が発生しているルートへの迂回接続を規制する．
- 出接続規制：災害発生時に特定の地域へのトラヒックが集中した場合に，ほかの地域への呼に影響を与えないように，その地域への呼を規制する．
- 発信規制：交換機が処理できる限界を超えないように，通信の確保が必要な一部の呼を除いて，発信呼を受け付けないように規制する．

データのフロー制御や順序制御は，TCP/IPなど，データをパケットに分割して通信するネットワークで行われるトラヒック制御です．回線交換方式である電話交換網では，接続後のルートは固定であるため，フロー制御と順序制御は行いません．

電話交換網のトラヒック制御には，迂回接続規制と出接続規制，発信規制が含

まれ，フロー制御と順序制御が含まれません．

【解答　④】

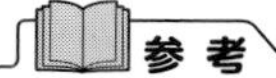

参考

電話交換網のトラヒック制御としては，本問題に述べられている輻輳への対応のほかに，トラヒックがあるルートに集中した場合に別のルートに振り替える迂回制御がある．

覚えよう！

電話交換網のような回線交換方式のネットワークと，IP ネットワークのようなパケット通信のネットワークのトラヒック制御の違い．

問 4　共通線信号方式　【R03-2 問 15（H27-2 問 15）】

No.7 共通線信号方式では，ISDN における呼設定，呼解放などの基本的な接続処理のための機能を提供するレベル 4 のプロトコルとしては，□が用いられる．

① TCAP　② NSP　③ MTP　④ ISUP　⑤ LAPD

解説

共通線信号方式とは，電話網（公衆交換電話網）を制御するための信号のやり取りを専用の信号網（共通線信号網）により行う方式です．ITU-T によって国際標準化されてたものが **No.7 共通線信号方式**（Common Channel Signaling System No.7，通称 SS7）で，各種のプロトコルが規定されています．

No.7 共通線信号方式の機能のレベルを**図**に示します．共通線信号方式の下位のレベルの機能は **MTP**（メッセージ転送部）で，MTP は，レベル 1 の信号データリンク部，レベル 2 の信号リンク機能部およびレベル 3 の信号網機能部で構

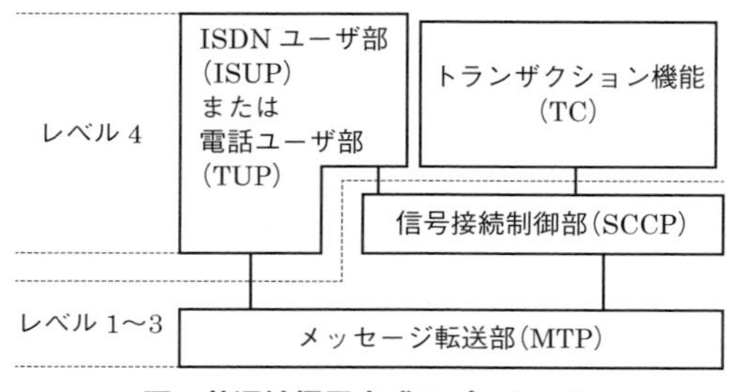

図　共通線信号方式のプロトコル

成されます．

レベル４のプロトコルで，ISDNにおける呼設定，呼解放などの基本的な接続処理のための機能を提供するプロトコルは，**ISUP**（ISDN User Part，ISDNユーザ部）です．

【解答　④】

問5	**共通線信号方式** ☑☑☑	【R03-1 問15（H30-1 問13，H28-2 問15）】

通信ネットワークを構成する信号網における共通線信号方式は，通話回線と［　　　］使用する方式であり，個別網信号方式と異なり通話中でも順方向や逆方向の信号転送ができる特徴がある．

①　信号回線とを共通に　　②　共通の両方向トランクを
③　信号回線とをTCM方式で　　④　信号回線とを時分割多重化して
⑤　信号回線とを分離して，信号回線を共通に

解説

公衆交換電話網（PSTN）における共通線信号方式は，通信回線と信号回線とを分離して，信号回線を共通に使用する方式です．信号のやり取りは専用の信号網（共通線信号網）により行います．

共通線信号網では，**図**に示すように，信号を発信したり着信したりする局（交換機）を**信号端局**（Signaling End Point，SEP），信号を中継する局を**信号中継局**（Signaling Transfer Point，STP）といいます．共通線信号網では，信頼性の向上のために，一つの信号端局を二つの信号中継局に二重帰属させています．

【解答　⑤】

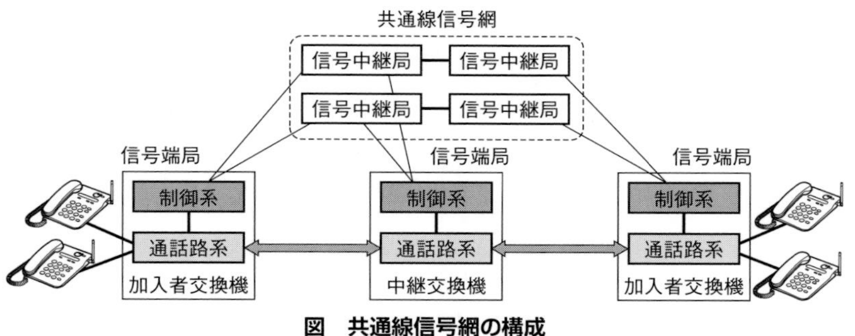

図　共通線信号網の構成

問 6	呼切断信号 ✓✓✓	【R02-2 問 15 (H27-1 問 15)】

公衆交換電話網（PSTN）の信号方式において，[ ]，その端末の直流回路を開いて 1〔MΩ〕以上の直流抵抗値を形成することにより送出する監視信号は，切断信号といわれる．

① 着信側の端末が回線を一時保留するため
② 発信側の端末が回線を一時保留するため
③ 着信側の端末が通話を終了するため
④ 発信側の端末が通話を終了するため
⑤ 着信側の端末が故障等により使用不能になったとき

解説

POINT
発信側端末が通話を終了すると切断信号が，着信側端末が通話を終了すると終話信号が送出される．

次頁の**図**に，通話状態から電話の切断，復旧に至る信号のシーケンスを示します．着信側端末が送受話器をかけた（通話終了）ことを検出すると，着信側交換機は発信側交換機に**終話信号**を送出します．発信側端末が送受話器をかけた（通話終了）ことを検出すると，発信側交換機は着信側交換機に**切断信号**を送出します．着信側交換機が復旧を完了し，次の呼のために起動信号の受信が可能な状態になったとき，**復旧完了信号**を発信側に送出します．

発信側の端末は，直流回路を開いて 1〔MΩ〕以上の直流抵抗値を形成することにより，切断信号を送出します．

【解答 ④】

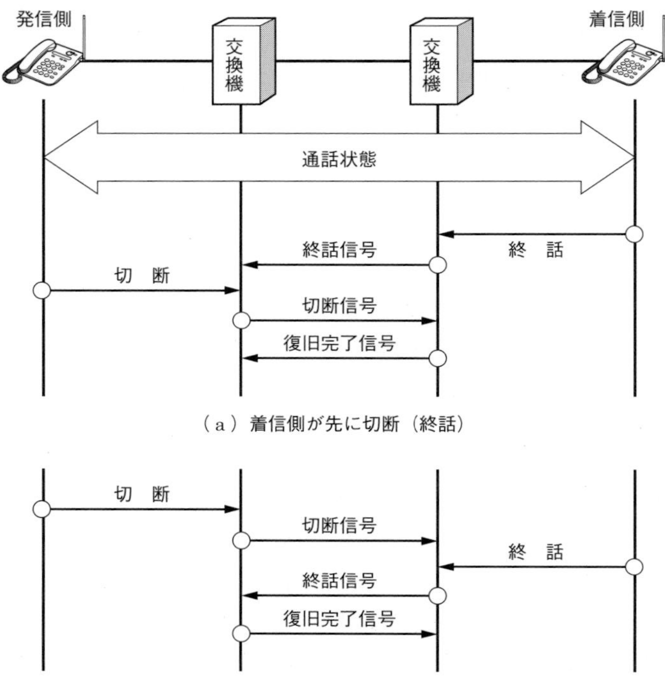

図　通話状態から切断までの信号シーケンス

6-3 トラヒック理論

出題傾向

トラヒックに関する問題はほぼ毎回，出されています．呼量と呼損率，出回線能率に関する問題が多く出されています．

問 1	呼数の算出 ✓✓✓	【R04-1 問 11】

ある回線群についてトラヒックを 20 分間調査し，保留時間別に呼数を集計したところ，表に示す結果が得られた．調査時間中におけるこの回線群の総呼量が 3.0〔アーラン〕であるとき，1 呼当たりの保留時間が 200 秒の呼数は，［　　］呼である．

1 呼当たりの保留時間	110 秒	120 秒	150 秒	200 秒
呼　　数	5	10	7	［　　］

① 2　② 3　③ 4　④ 6　⑤ 8

解説

呼は，通話や通信を目的として，それに必要な設備（回線）を占有使用している状態を示します．**呼数**は，呼の累計数（通話が開始された回数）です．**保留時間**は，一つの呼で通信設備を占有している時間で，数秒のときもあれば数時間のときもあります．**平均保留時間**は，保留時間の平均値で，累計の保留時間/呼数で求めることができます．

呼量は，単位時間当たりの通信時間の平均で，測定時間内にあった総通信時間を測定時間で割ったものです．**総通信時間**は，平均保留時間×呼数で求められます．呼量の単位として**アーラン**を用います．1〔アーラン〕は，測定時間を 1 時間としたとき，呼が 1 時間継続したときの呼量になります．

問題を解く手順を示します．保留時間が 200 秒の呼数を x とします．この回線群の 20 分間の総保留時間 T は，以下のようになります．

$$T = 110\times5 + 120\times10 + 150\times7 + 200\times x = 2800 + 200x$$

これを 1 時間（60 分）当たりの総保留時間にすると $(2800 + 200x)\times(60/20)$

〔秒〕となります.

回線群の総呼量は，3〔アーラン〕(1時間当たりの総保留時間が3時間）であることから以下の式がなりたちます.

$$(2800 + 200x) \times 3 = 3 \times (60 \times 60)$$

この式を解くと $x = 4$ となります.

【解答　③】

問2	呼量 ☑☑☑	【R03-2 問11（H28-1 問11，H24-1 問11)】

出回線数が15回線の交換線群に［　　　　］〔アーラン〕の呼量が加わったとき，呼損率を0.1とすると，出回線の平均使用率は60〔%〕である.

①　0.9　　②　2.5　　③　8.1　　④　10.0　　⑤　22.5

解説

出回線能率とは，呼のために使用される出回線の平均使用率で，出回線数×出回線能率は，使用されている回線，すなわち処理中の呼の平均数を意味します.

呼損率とは，呼がなんらかの理由（話中など）でサービスを受けることができない（呼損）割合を指します．これより，保留状態（処理中）にある呼の平均数は，次の式で表されます.

呼量×(1－呼損率)＝出回線数×出回線能率

覚えよう！

呼量＝呼数×呼の平均保留時間÷測定時間
呼数(1－呼損率)×呼の平均保留時間÷測定時間
　＝出回線数×出回線能率

出回線数＝15，呼損率＝0.1，出回線能率（出回線の平均使用率）＝60〔%〕を代入すると

$$呼量 = \frac{出回線数 \times 出回線能率}{1 - 呼損率} = \frac{15 \times 0.6}{1 - 0.1} = \frac{9}{0.9} = 10〔アーラン〕$$

【解答　④】

問3 **呼損率** ☑☑☑ 【R03-1 問11（R01-2 問11，H27-1 問11）】

回線数が20回線の出回線群において，この出回線群に対し18〔アーラン〕の呼が加わり，呼損率が[　　　]のとき，出回線能率は87.3〔%〕となる．

① 0.01　② 0.02　③ 0.03　④ 0.04　⑤ 0.05

解説

本節 問2の解説より，次の式が成り立ちます．

呼量×(1－呼損率)＝出回線数×出回線能率

呼量＝18〔アーラン〕，出回線数＝20，出回線能率＝87.3〔%〕であるため，

$$1-\text{呼損率}=\frac{20\times0.873}{18}=0.97$$

呼損率＝1－0.97＝0.03

【解答 ③】

問4 **総呼量** ☑☑☑ 【R02-2 問11（H26-2 問11）】

ある出回線群において，9時～9時30分の間に加わった呼数は150呼であり，その平均保留時間は60秒であった．また，9時30分～10時の間に加わった呼数は60呼であり，その平均保留時間は150秒であった．9時～10時の間にこの出回線群に加わった総呼量は，[　　　]〔アーラン〕である．

① 2　② 3　③ 4　④ 5　⑤ 6

解説

アーランとは，電話交換網の設計などに用いられるトラヒック量（呼量）の国際単位です．呼量は次式で表されます．

呼量＝呼数×呼の平均保留時間÷測定時間

9時～9時30分の間（測定時間30分）に加わった呼数は150，平均保留時間が60秒であるため，呼量＝$\frac{150\times60}{30\times60}$＝5〔アーラン〕となります．

9時30分～10時の間（測定時間30分）に加わった呼数は60呼，平均保留時

6章 ネットワーク技術

間は150秒であるため，呼量 $=\dfrac{60\times150}{30\times60}=5$〔アーラン〕となります．

9時～10時の間にこの出回線群に加わった総呼量は，測定時間が60分となるため

$$\text{総呼量}=\frac{5\times30+5\times30}{60}=5\text{〔アーラン〕}$$

となります．

【解答　④】

問5　**呼量**　☑☑☑　【R01-2 問11（H27-1 問11，H25-1 問11）】

回線数が20回線の出回線群において，この出回線群に対し10〔アーラン〕の呼が加わり，呼損率が［　　　］のとき，出回線能率は49〔%〕となる．

①　0.02　　②　0.049　　③　0.245　　④　0.51　　⑤　0.755

解説

出回線能率と呼損率については本節 問2の解説を参照してください．
同解説より次の式が成り立ちます．

呼量×(1－呼損率)＝出回線数×出回線能率

呼量＝10〔アーラン〕，出回線数＝20，出回線能率＝49〔%〕であるため

$$1-\text{呼損率}=\frac{20\times0.49}{10}=0.98$$

$$\text{呼損率}=1-0.98=0.02$$

【解答　①】

問 6 **呼量** ☑☑☑ 【H31-1 問 11（H27-2 問 11）】

ある回線群において，時刻 $t_1 \sim t_2$ の T 分間の呼量と呼数を調査したところ，運んだ呼量は a_c アーランで，運んだ呼数が C 呼であった．この回線群の運んだ呼の平均回線保留時間は，［　　　］秒である．

① $\dfrac{a_c \times T}{C}$　② $\dfrac{a_c \times C \times 3{,}600}{T}$　③ $\dfrac{a_c \times T \times 60}{C}$

④ $\dfrac{a_c \times T}{C \times 60}$　⑤ $\dfrac{a_c \times T \times 3{,}600}{C}$

解説

呼量は，単位時間（測定時間）内に回線が使用されている割合を示すもので，次の式で与えられます．

呼量＝呼数×呼の平均回線保留時間÷測定時間

この式より，

$$呼の平均回線保留時間 = \frac{呼量 \times 測定時間}{呼数} = \frac{a_c \times T \times 60}{C} 〔秒〕$$

【解答　③】

問 7 **出線能率** ☑☑☑ 【H30-2 問 11（H26-1 問 11）】

出回線数 n の回線群において，加わる呼量が a〔アーラン〕，呼損率が B のとき，出線能率 η は，η＝［　　　］で表される．

① $\dfrac{a \times B}{n}$　② $\dfrac{a \times (1-B)}{n}$　③ $\dfrac{n}{a \times (1-B)}$

④ $\dfrac{n}{a \times B}$　⑤ $\dfrac{n \times (1-B)}{a}$

解説

本節 問 2 の解説より，次の式が成り立ちます．

呼量×(1－呼損率)＝出回線数×出回線能率

この式で，呼量を a〔アーラン〕，呼損率を B，出回線数を n とすると

6章 ネットワーク技術

$$出回線能率\ \eta = \frac{呼量 \times (1 - 呼損率)}{出回線数} = \frac{a \times (1-B)}{n}$$

【解答　②】

問 8　**呼量**　☑☑☑　【H30-1 問 11（H25-2 問 11）】

ある回線群において，9 時 00 分から 9 時 30 分までの 30 分間に 90 呼が加わり，呼の平均保留時間が 120 秒であった．この回線群に加わった呼量は［　　　］アーランである．

①　2　　②　3　　③　4　　④　5　　⑤　6

解説

アーランは，電話交換網の設計などに用いられるトラヒック量（呼量）の国際単位です．呼量＝呼数×呼の平均保留時間÷測定時間で，呼数が 90，平均保留時間が 120 秒，測定時間が 30 分であるため

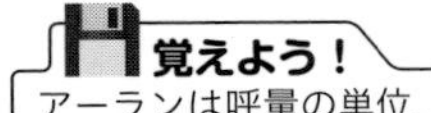

$$呼量 = \frac{90 \times 120}{30 \times 60} = 6\ 〔アーラン〕$$

【解答　⑤】

問 9　**出線能率**　☑☑☑　【H29-2 問 11（H24-2 問 11）】

交換線群において，出回線の能率を示す尺度として用いられる出線能率は，出回線数に対する［　　　］の比で表すことができる．

①　入回線数　　②　加わる呼量　　③　運ばれた呼量
④　生起呼数　　⑤　平均保留時間

解説

本節 問 2 の解説で説明したように，次の関係式が成り立ちます．

$$呼量 \times (1 - 呼損率) = 出回線数 \times 出線能率 \tag{1}$$

これより

$$出線能率 = \frac{呼量(1-呼損率)}{出回線数} \qquad (2)$$

で，式(2)の右辺の分子にある「呼量(1－呼損率)」は，受け付けられた呼量，つまり「運ばれた呼量」を意味します．

【解答 ③】

問 10 **呼量** ☑☑☑ 【H29-1 問 11】

即時式完全線群において，ある回線群の運んだ呼量は 27〔アーラン〕であった．この回線群の呼損率が 0.1 であるとき，この回線群に加わった呼量は，［　　　］〔アーラン〕である．

① 2.7　② 24.3　③ 27　④ 30　⑤ 270

解説

「回線群の運んだ呼量」とは，受け付けられた呼量を意味します．また，「回線群に加わった呼量」とは，発生した呼量を意味します．

呼損率とは，受け付けられなかった呼の割合を意味します．

これから，次の関係式が成り立ちます．

$$回線群に加わった呼量 \times (1-呼損率) = 回線群の運んだ呼量$$

$$回線群に加わった呼量 = \frac{回線群の運んだ呼量}{1-呼損率}$$

$$= \frac{27}{1-0.1} = \frac{27}{0.9} = 30〔アーラン〕$$

【解答 ④】

6-4 番号方式

出題傾向

国際電話，携帯電話，IP 電話など身近な電話サービスの番号に関する問題が出されています．

問 1　携帯電話の番号方式　☑☑☑　【R04-1 問 14（H30-2 問 14，H26-2 問 14）】

携帯電話番号体系では，一般に，先頭の 070，080 又は 090 に続く ＿＿＿ 桁の数字は携帯電話事業者（MNO）別に指定されているが，ユーザが番号ポータビリティで別の MNO に移行した場合，この数字だけでは移行したユーザが契約する MNO を識別できなくなる．

①　1　　②　2　　③　3　　④　4　　⑤　5

解説

携帯電話の番号体系では，図のように，11 桁の番号のうち，4～6 桁目の 3 桁が携帯電話事業者（Mobile Network Operator，MNO）の識別番号になっています．

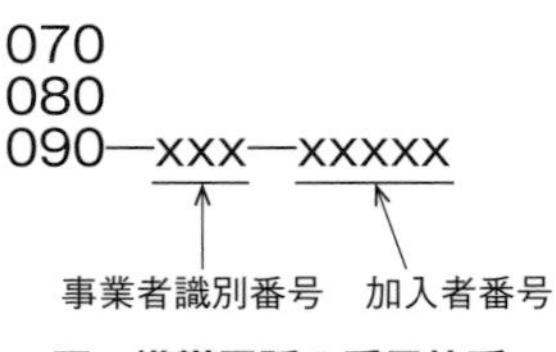

図　携帯電話の番号体系

【解答　③】

問 2　国際電話　☑☑☑　【R02-2 問 14（H27-2 問 14）】

国際電話サービスを利用する場合，相手着信国の国番号から始まる電気通信番号の前にダイヤルする電気通信番号は，一般に，＿＿＿ といわれ，日本では 010 が用いられている．

① ドメインサフィックス	② 国際事業者識別番号
③ 国際プレフィックス	④ プリアンブル
⑤ 国際ローミング番号	

解説

固定電話や光IP電話，携帯電話を使用して，日本から国際電話をかける場合は，（**国際プレフィックス**）+（相手の国番号）+（相手先電話番号）の順に番号入力します．日本では国際プレフィックスとしては“010”を使用しています．

参考

固定電話で，「国際プレフィックス」から番号入力する場合は，事前に利用する電話会社を登録しておく必要がある．電話会社を登録していない場合は，国際プレフィックスの前に事業者識別番号を番号入力する．つまり，「事業者識別番号＋010＋国番号＋相手先電話番号」という手順で番号入力する．

【解答 ③】

問3　IP電話の番号体系　【R01-2 問14（H28-1 問14，H26-1 問14）】

IP電話サービスは，番号体系によって区分され，050－IP電話と，［　　　］－IP電話の２種類が提供されている．

① 0AB0	② 1XY	③ 0AB～J
④ 00XY	⑤ #ABCD	

解説

IP電話は，0AB～J－IP電話と050－IP電話に分類されます．このうち，0AB～J－IP電話は表に示す品質基準を満足する必要があります．この品質を満足させるために，0AB～J－IP電話では，加入者回線に光ファイバを使用しています．また，エンド・ツー・エンド（電話機から電話機まで）の伝送遅延が150〔ミリ秒〕以下になるようにIP電話網を構築しています．

使用できる番号もIP電話の種類によって異なります．050－IP電話では，050に始まる11桁の番号（050-xxxx-xxxx）が使用されます．0AB～J－IP電話では固定電話と同じ番号（0AB～J番号）を使用できます．固定電話番号を0AB～J番号と表記するのは，固定電話番号が市外識別番号“0”に始まる10桁の番号であるためです（文字の数が電話番号の桁数を表す）．

表　0AB〜J－IP 電話の品質基準

品質パラメータ			基準値
接続品質	呼損率		0.15 以下
総合品質	エンド・ツー・エンド遅延		150 ms 以下
ネットワーク品質	UNI－UNI 間	平均遅延時間	70 ms 以下
		平均遅延時間のゆらぎ	20 ms 以下
		パケット損失率	0.5％未満
	UNI－NNI 間	平均遅延時間	50 ms 以下
		平均遅延時間のゆらぎ	10 ms 以下
		パケット損失率	0.25％未満

注：0AB〜J－IP 電話の品質基準は平成 27 年総務省令第 97 号により改正

本来は，“J”の代わりに“I”（アイ）を記述すべきところですが，“I”（アイ）は数字の“1”（イチ）に似て紛らわしいため，“I”（アイ）を抜かして“J”を記載しています．“0”と，“A”から“J”まで，“I”を除いて数えると，10 個になります．

【解答　③】

問 4　**固定電話の番号体系**　☑☑☑　【H31-1 問 14（H28-2 問 14）】

公衆交換電話網（PSTN）での接続において，接続先を識別するために用いられる固定電話の電話番号の体系は，一般に，先頭の数字が［　　　］といわれる 0 で始まり，市外局番，市内局番及び加入者番号が続く構成となっている．

①　外線発信番号　　②　国内プレフィックス
③　プリアンブル　　④　エリアコード
⑤　事業者識別番号

解説

固定電話の電話番号体系は，先頭の数字が**国内プレフィックス**といわれる“0”で始まり，市外局番，市内局番および加入者番号が続く構成になっています．

【解答　②】

6-5 アクセスシステム

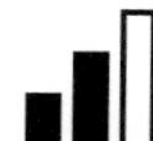

出題傾向

複数ある光アクセスネットワークの特徴に関する問題が出されています．ADSL に関する問題も出されていますが，使われなくなってきている技術なので，今後，出題されなくなることが予想されます．

問 1　光アクセスネットワーク ✓✓✓ 【R03-2 問 13】

光アクセスシステムのネットワークトポロジにおいて，電気通信事業者の設備センタから配線された光ファイバを，設備センタとユーザ間に設置した能動素子を用いた光/電気変換装置などに収容し，既存のメタリックケーブルを利用して複数のユーザへ配線する形態は，［　　　］といわれる．

① SS　② PDS　③ ADS　④ PON　⑤ OADM

解説

光アクセスネットワークの構成は，図に示すように **SS**（Single Star），**ADS**（Active Double Star），**PDS**（Passive Double Star）の大きく三つに分けられます．PDS は **PON**（Passive Optical Network）ともいわれます．

SS 方式は，通信事業者ビルとユーザ宅を光ファイバで 1 対 1 に結ぶ光アクセス方式です．全体の網形態が，星の輝きのように一つの放射源から何本もの光ファイバが延びるため，single star（SS）という名称が付けられました．

PON は，受動素子（光スプリッタ）により光信号を分岐・合流させ，1 本の光ファイバ回線を複数の加入者で共有する方式です．

ADS は，PON における光スプリッタを能動的（active）な装置（図の RT）としたもので，既存のメタリックケーブルを利用して複数のユーザへ配線します．設備コストが高価になってしまうことなどから，FTTH サービスで使われているのは，主に PON 方式と SS 方式です．

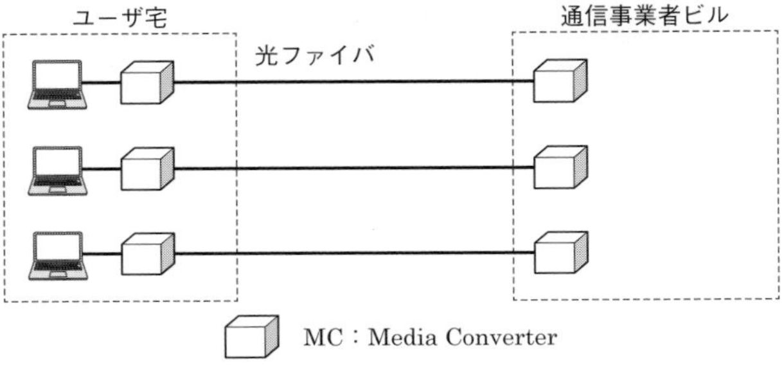

(a) SS (Single Star)

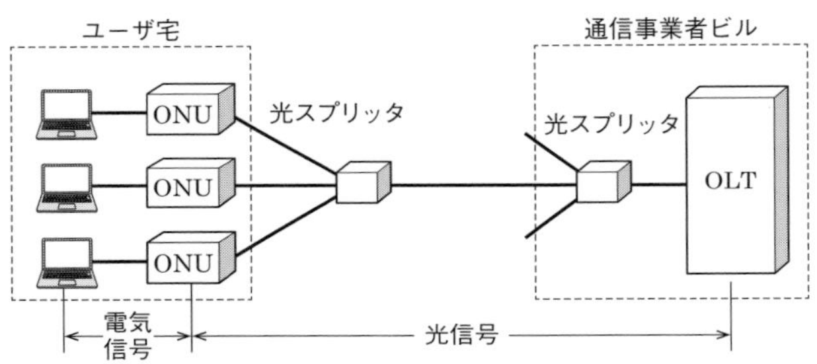

(b) PDS(Passive Double Star)/PON(Passive Optical Network)

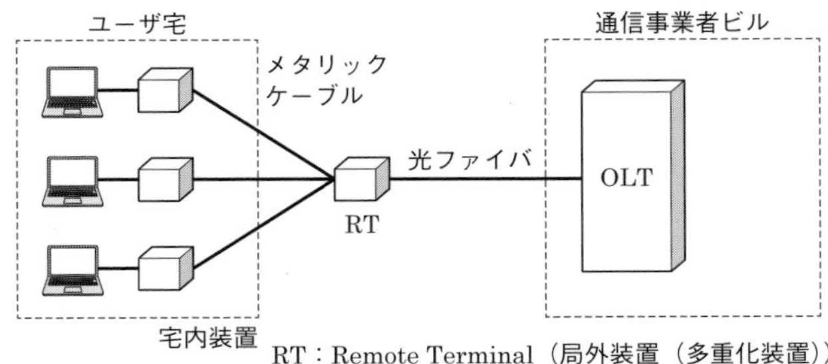

(c) ADS (Active Double Star)

図　光アクセスネットワークの構成

【解答　③】

問2	ADSLの変調方式 ✓✓✓ 【R03-1 問5（H27-1 問5）】

ADSLで用いられている変調方式には，大別して2種類の変調方式がある．ITU－T勧告G.992.1とG.992.2においては，複数の搬送波に信号を離散させる［　　　］変調方式が標準方式として規定されている．

①　CAP　　②　ISA　　③　FM　　④　DMT　　⑤　AM

解説

ADSLの変調方式は，大きく**DMT**（Discrete MultiTone modulation）方式と，**CAP**（Carrierless Amplitude Phase modulation）方式に分類され，ITU勧告G992.1とG992.2ではDMT方式が採用されています．また現在，日本国内のサービスではDMT方式だけが使用されています．

DMT方式では，帯域幅4〔kHz〕の複数のサブキャリア（副搬送波）を4.3〔kHz〕ごとに配置し，個々のサブキャリアをQAMで変調しデータを伝送します．また，上り方向と下り方向でサブキャリアの周波数帯域を分けて伝送します．

【解答　④】

問3	光アクセスネットワーク ✓✓✓ 【H31-1 問20】

光アクセスネットワークの設備構成のうち，電気通信事業者のビルから配線された光ファイバ回線を分岐することなく，電気通信事業者側とユーザ側に設置されたメディアコンバータなどとの間を1対1で接続する構成は，［　　　］といわれる．

①　PDS　　②　SS　　③　HDSL　　④　HFC　　⑤　ADS

解説

光アクセスネットワークの構成は，SS（Single Star），ADS（Active Double Star），PDS（Passive Double Star）の大きく三つに分けられます．PDSはPON（Passive Optical Network）ともいわれます．SSは，電気通信事業者側とユーザ側が1対1で接続される構成となります．本節 問1の解説も参照してください．

【解答　②】

問 4	ADSL ☑☑☑	【H29-1 問 12（H25-2 問 12）】

インターネットのアクセス回線として電話共用型の ADSL サービスを利用する場合，音声信号とデータ信号の［　　　］を行うためにスプリッタが用いられている．

① 符号化・復号　② 等化増幅　③ 切　替
④ 変調・復調　⑤ 分離・合成

解説

ADSL では，電話音声用とデータ信号用の周波数帯域を分けて伝送します．この場合，電話音声信号とデータ信号の周波数帯域がはっきり分かれているので，これら二つの信号を一つの回線上で伝送しても相互に影響しません．

これらの信号を一つの回線上に乗せることを**合成**，一つの回線上を流れている二つの信号を分けることを**分離**といいます．このような信号の分離と合成を行うのが**スプリッタ**です．**図**にスプリッタと電話機，PC との接続構成を示します．図のように，電話機からの音声信号と ADSL モデムで変調されたパソコンのデータ信号がスプリッタで合成されて電話回線に送出されます．

参考
データの変調と復調は ADSL モデムで行われる．

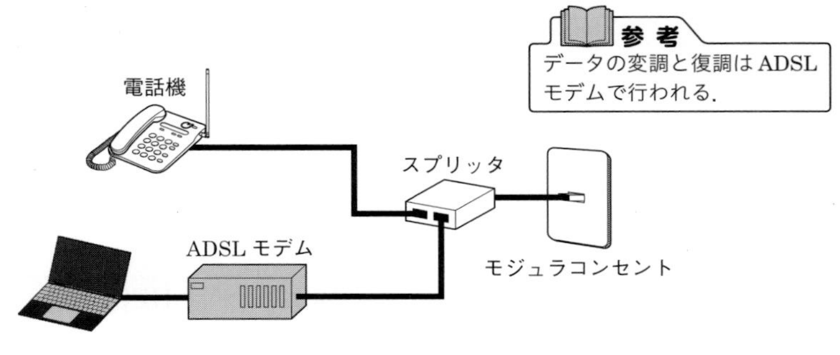

図　ADSL の接続構成

【解答　⑤】

6-6 その他

出題傾向

パケット交換の原理，CSMA/CD に関する問題が出されています．ATM は普及していない技術なので，今後の出題は少なくなることが予想されます．

問1 **パケット交換方式** 【R03-2 問 10（H30-1 問 10，H27-2 問 10）】

パケット交換方式は，情報量に応じ一定長のブロックに分割して組み立てたパケットの単位で情報転送を行う［　　　］方式である．

① 回線交換　② プロトコル変換　③ 即時交換
④ 蓄積交換　⑤ メディア変換

解説

パケット交換では，データをパケットに分割して転送しますが，パケットの中継において，パケットをいったん中継装置に蓄積した後，次の中継装置に転送します．このため，パケット交換は**蓄積交換**とも呼ばれます．

蓄積交換を行うことによって，回線速度の異なる通信装置間の通信が可能になります．また，回線の使用効率を向上するとともに，ネットワークのトラヒック量の変動に対しても柔軟に対応できます．IP やイーサネットもパケット交換に含まれる技術です．

【解答　④】

問2 **ATM** 【H31-1 問 12（H28-1 問 12，H24-2 問 12）】

ATM では，情報を固定長のセルの形式により転送しており，セルを転送する際のコネクションの識別をセルの［　　　］により行っている．

① 位　相　② ペイロード　③ SSID
④ CLP の値　⑤ ヘッダ情報

解説

ATMのセルは図に示すように，5バイトのヘッダと48バイトのユーザデータからなります．

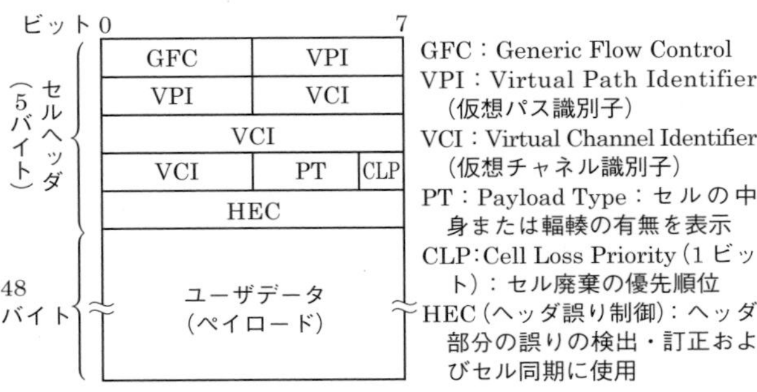

図　ATMセルの構成

このヘッダ情報の中に置かれた1バイトのVPI（Virtual Path Identifier）と，2バイトのVCI（Virtual Channel Identifier）によって，コネクションの識別を行います．

CLP（Cell Loss Priority）もセルヘッダに置かれ，優先的に廃棄してよいセルを指定するために使用されます（0：優先，1：非優先）．

ペイロードはユーザデータを意味します．

【解答　⑤】

問3　CSMA/CD　☑☑☑　【H30-1 問15（H24-1 問15）】

LANのアクセス制御方式の一つであるCSMA/CD（Carrier Sense Multiple Access with Collision Detection）では，伝送媒体へ複数のアクセスが発生してデータが衝突した場合，LANに接続されている各リンクセグメントに＿＿＿＿が送出される．

① 空きセル　② ジャム信号
③ チェックサムの結果　④ コールプログレス信号
⑤ エコービット

解説

CSMA/CDでは，複数の通信装置が同時に伝送媒体（バスなど）にデータを送信した場合，伝送媒体上のデータは，複数の通信装置からの信号が合わさったものになるため，正しいものではなくなります．これを各通信装置で検出して衝突と判断すると，衝突が起こったことをより確実に伝送媒体に接続されているすべての装置に認識させるため，**ジャム信号**を送信します．ジャム信号は，32 ビット長で，データが正しいものでないことをはっきり認識できるようなビット列になっています．

データ送信中の通信装置は，ジャム信号の送出を終了し，伝送媒体上にデータが存在しないことを確認した後，データの再送を開始します．

【解答　②】

問 4　ATM プロトコル　☑☑☑　【H29-1 問 7（H26-1 問 7）】

ATM ネットワークのプロトコル階層モデルにおける［　　　］には，ビット誤りの検出と回復，セルの組立てと分解，フロー制御，タイミング制御などの機能がある．

① 物理レイヤ　② ネットワークレイヤ
③ アプリケーションレイヤ　④ ATM レイヤ
⑤ ATM アダプテーションレイヤ

解説

図に ATM のプロトコル層を示します．物理媒体副層から ATM 層（ATM レ

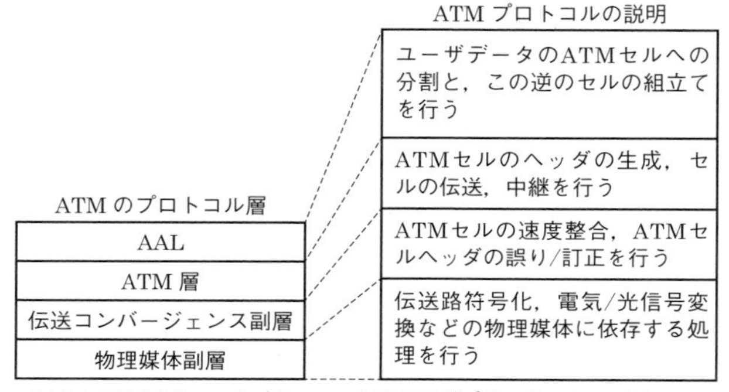

図　ATM のプロトコル層

イヤ）までの下位3層がOSI基本参照モデルの物理層に相当します．また，AAL（ATMアダプテーションレイヤ）がデータリンク層の機能に相当します．AALは，セルの組立て・分割などを行います．

AALのタイプとして，固定データの映像伝送などに使用されるAAL1や，LANなどの可変長データの伝送に使用されるAAL5があります．AAL5では，ユーザデータの後に8バイトのATMトレーラが付加され，ATMトレーラの最後には，AAL5データの誤りチェックのために4バイトの誤り検出符号が挿入されます．

以上のように，セルの組立て・分割と，ビット誤りの検出などはATMアダプテーションレイヤ（AAL）で行われます．

【解答⑤】

注意しよう！
ATMの伝送コンバージェンス副層で行う誤りチェックの対象はセルヘッダである．ユーザデータ全体の誤りチェックはAAL（AAL5）で行う．

7章 インターネット（TCP/IP）

本章の出題項目

7-1　IP ネットワーク基本方式
7-2　運用とサービス
7-3　IP 電話

7-1 IP ネットワーク基本方式

出題傾向

TCP/IP に関する問題が毎回，出されています．IPv4 と IPv6 の比較，TCP と UDP の相違に関する問題が多く出されています．ルーティングやフロー制御などの問題も出されています．

問 1　**IPv6**　☑☑☑　【R03-2 問 14】

IPv6 ヘッダにおいて，IPv4 ヘッダにおける TTL に相当する［　　　］の値はパケットがルータなどを通過するたびに一つずつ減らされ，値がゼロになるとそのパケットは破棄される．

① トラヒッククラス　② バージョン
③ ホップリミット　④ ペイロード長
⑤ ネクストヘッダ

解説

図に示すように，IPv6 の基本ヘッダは，40〔Byte〕（=320〔bit〕）の固定長となっていて，オプション機能を追加する場合は，基本ヘッダに拡張ヘッダを加えていく方式をとっています．

0　31（ビット）

バージョン(4)	トラフィッククラス(8)	フローラベル(20)	
ペイロード長(16)		ネクストヘッダ(8)	ホップリミット(8)
送信元アドレス(128)			
宛先アドレス(128)			

（　）内はビット長

図　IPv6 の基本ヘッダの構成

表　IPv6の基本ヘッダのフィールド

フィールド名	説　明
バージョン	バージョン情報．IPv6は6
トラヒッククラス	IPv4のToSに相当．QoSのためのフィールド
フローラベル	経路の優先度および品質の確保のために使用
ペイロード長	拡張ヘッダとペイロード部を含めた大きさ
ネクストヘッダ	次に続く拡張ヘッダの情報
ホップリミット	IPv4のTTLに相当．パケットを破棄させるまでのホップ数を記述

ホップ数は，通信ネットワーク上で通信相手に到達するまでに経由する転送・中継設備の数を表し，IPネットワークではルータなどを経由した回数になります．

【解答　③】

問2　TCP/IPの特徴　【R03-2 問16（H27-1 問16）】

インターネットで使用されているTCP/IPについて述べた次の文章のうち，正しいものは，[　　　　]である．

① IPデータグラムは，コネクション型のサービス形態を採っている．
② TCPの機能はOSI参照モデルの階層に当てはめると，おおむねネットワーク層の機能に相当する．
③ IPは，IPデータグラムを送信元から送信先まで転送する手順を規定している．
④ TCPによるデータ転送では，コネクションレス型の通信プロトコルが用いられる．
⑤ IPデータグラムの転送では，シーケンス制御，応答確認，ウインドウ制御，フロー制御などが行われる．

解説

TCP（Transmission Control Protocol）はOSI参照モデルの第4層（トランスポート層）のプロトコルで，**IP**（Internet Protocol）は第3層（ネットワーク層）のプロトコルです．TCPはコネクション型のプロトコルで，シーケンス制御，応答確認，ウインドウ制御，フロー制御により通信データの受信完了を保証します．一方，IPはコネクションレス型のプロトコルで通信データの受信が完了することを保証しません．

以上より，選択肢の①，②，④，⑤は誤りです．IP データグラムは，IP で送受信されるデータの単位で，送信元と送信先の間をエンド・ツー・エンドで転送されます．

【解答　③】

問 3　IPv4 転送方式　☑☑☑　【R03-1 問 9（H28-1 問 9）】

IPv4 ネットワークにおいて，ネットワーク内の全てのホストに同じデータを転送する形態は，［　　　］といわれる．

① ユニキャスト　② マルチキャスト　③ ブロードキャスト
④ ポーリング　⑤ セレクティング

解説

IPv4 ネットワークにおいて，ネットワーク内のすべての宛先アドレスに同じデータを転送する方法は，ブロードキャストです．なお，データ転送方法として次の方法もあります．

- **ユニキャスト**：単一の宛先アドレスを指定して特定の相手にデータを転送
- **マルチキャスト**：指定した複数の宛先アドレスに同じデータを転送

【解答　③】

問 4　ルーティング　☑☑☑　【R03-1 問 10】

IP パケットを転送するために，隣接するルータ間で経路情報を自動的に交換し，常に最新のネットワークの状態が反映された経路表に基づき経路選択を行う方法は，［　　　］といわれる．

① パケットフィルタリング　② スタティックルーティング
③ リンクアグリゲーション　④ ダイナミックルーティング
⑤ オートネゴシエーション

解説

IP パケットのルーティング方法には大きく分けて，**スタティックルーティン**

グ（静的ルーティング）とダイナミックルーティング（動的ルーティング）の二つがあります．スタティックルーティングは，ネットワーク管理者が事前に経路（ルーティング）情報を設定しておく方式で，通常は運用中に設定を変更しません．ダイナミックルーティングは，ルータがルーティングプロトコルを利用して，ネットワークの状況から最新の最適な経路情報を自動的に求め，その経路情報を使って経路選択を行う方式です．

パケットフィルタリングは，IPアドレスやポート番号の宛先/送信元を参照し，パケットの通過の可否を判断する機能です．**リンクアグリゲーション**は，ルータやスイッチを複数のLANケーブルで接続し，一つのリンクとして扱う技術です．**オートネゴシエーション**は，接続されたネットワーク機器どうしが情報をやり取りし，通信に関する設定を自動で行う機能です．

【解答　④】

問5　ソケット　☑☑☑　【R03-1 問14（H29-1 問14）】

インターネット上のクライアント端末とサーバ間の通信では，TCP/IPプロトコルに基づき，ソケットといわれる［　　　］の組合せやプロトコル番号を指定することにより，通信を行う相互のアプリケーションなどが決められる．

① IPアドレス及び送信順序番号
② IPアドレス及びポート番号
③ MACアドレス及び送信順序番号
④ MACアドレス及びポート番号
⑤ 送信順序番号及びポート番号

解説

ソケット（socket）とは，IPで通信を行うコンピュータが，通信相手のアプリケーションを指定するための情報です．図に示すように，ソケットは通信相手のコンピュータを指定するためのIPアドレスと，相手コンピュータ内のアプリケーションを指定するためのポート番号の組合せで表されます．

なお，IPの上位プロトコルは，IPv4では「プロトコル番号」，IPv6では「ネクストヘッダ」というIPヘッダ内のフィールドに設定されています．たとえば，

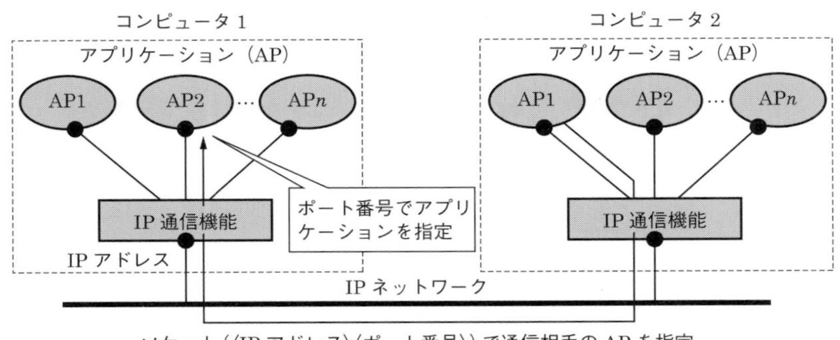

図　IP による通信

IPv4 では，プロトコル番号が 6 の場合は TCP，17 の場合は UDP を示します．

【解答　②】

問 6	**UDP** ☑☑☑	【R02-2 問 16（H26-2 問 16）】

インターネット通信において使用されるトランスポート層プロトコルである UDP には，＿＿＿＿機能がある．

① 通信の開始から終了まで信頼性の高い通信を保証する

② コネクション型のデータ転送プロトコルとして，データをセグメント単位で送信する

③ SNMP，DHCP などのプロトコルで用いられるコマンドデータなどの転送処理に適した

④ 受信側の空き状態に合わせて，データを送信するフロー制御を行う

⑤ 受信側がパケットを受信するたびに，送信元に到着したことを知らせる応答を確認する

解説

OSI 参照モデルの第 4 層，トランスポート層のプロトコルとして，**コネクション型の TCP**（Transmission Control Protocol）**とコネクションレス型の UDP**（User Datagram Protocol）があります．

> **POINT**
> TCP は各種制御によりパケットの送達を保証し，UDP は簡易で性能を重視したリアルタイム通信に適する．

TCP は，送信データの応答確認，フロー制御，デー

タ誤り時の再送により通信の信頼性を保証しています（選択肢①，②，④，⑤の機能を含む）．

UDPは，通信の信頼性を保証する機能はありませんが，TCPのように複雑な機能を持たないため，通信を簡易に行うことができるという特徴があります．このため，UDPはSNMPやDHCPなどの管理情報や制御情報の転送に使用されます．また，音声や映像などのリアルタイム性が必要な通信に適用されています．

【解答　③】

問7	フロー制御 ☑☑☑	【R01-2 問10】

ルータにおいて，音声品質を確保するためにキューにパケットの転送順位を付け，音声パケットを高い順位のキューに入れ，低い順位のキューのパケットより先に転送する処理は，一般に，［　　　］制御といわれる．

① 帯　域	② 優　先	③ 接　続
④ ウインドウ	⑤ フロー	

解説

音声パケットは，遅延などがサービス品質に大きく影響を与えるためリアルタイム性が求められます．そのため，IPネットワークにおいては通常のデータパケットよりも優先して転送する必要があります．データパケットよりも優先して音声パケットを処理するようにするため，音声パケットのIPヘッダのToSフィールド（パケット処理の優先度を表すフィールド）に高い値を設定します．

【解答　②】

問8	TCPのフロー制御 ☑☑☑	【H30-1 問14（H25-1 問14）】

IPネットワークにおいて用いられるTCPでは，受信側において受信データの順序整合，重複データの廃棄などが行えるよう，送信するTCPセグメント順に［　　　］を付与している．

① シーケンス番号	② ポート番号	③ チェックサム
④ 緊急ポインタ	⑤ 確認応答番号	

解説

TCP ヘッダには，パケットの送信順序を示す「シーケンス番号」が設定されます．TCP の通信では，**シーケンス番号**を使用して次の制御が行われます．

- **応答確認**：受信側では，受信したパケットのシーケンス番号を送信側に通知することにより，どのパケットまで正常に受信したかを送信側に知らせる．
- **順序整合**：パケットの受信順序がシーケンス番号の順序と一致しない場合でも，シーケンス番号を参照して，シーケンス番号の順に処理を行う．
- **パケットの再送**：受信パケットのシーケンス番号に抜けがある場合，該当のシーケンス番号のパケットが廃棄されたと考えて，送信側に再送を要求する．
- **重複データの削除**：同じシーケンス番号のパケットを受信した場合，なんらかの原因でパケットがコピーされて転送されたと考えて，一方のパケットを廃棄する．

図に TCP ヘッダの構成を示します．TCP には，32 ビット（4 バイト）のシーケンス番号が設定されます．

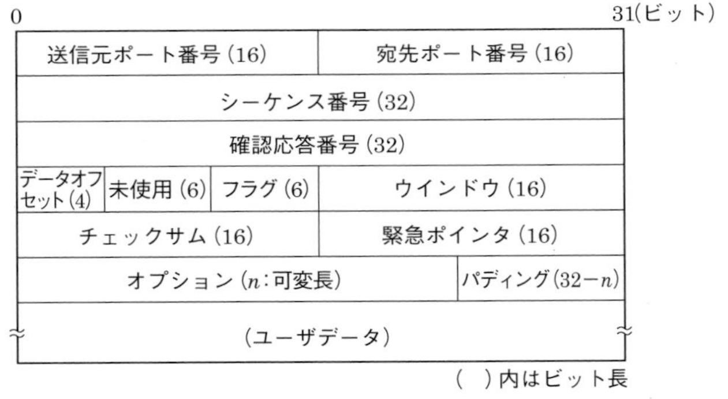

図　TCP ヘッダの構成

【解答　①】

覚えよう！
TCP ヘッダの情報の意味とそれらの用途（どのような制御に利用されるか）．

問9　ポート番号　【H29-2 問14（H24-2 問14）】

インターネット上において，TCPやUDPといわれるプロトコルを用いて電子メールを送ったり，ドメインネームをIPアドレスへ変換するサービスを受けたりする場合には，通信相手のホスト上のアプリケーションを指定するため，［　　　］番号が使用される．

①　論理リンク　②　ポート　③　PIN
④　シーケンス　⑤　ユーザID

解説

インターネットを介した通信で，アプリケーションを指定するために，TCPやUDPのヘッダに設定される**ポート番号**が使用されます．

IPアドレスは，インターネットに接続されるホスト（サーバ）ごとに設定されますが，ホスト内の各アプリケーションはポート番号で識別されます．

TCPヘッダでは，本節 問5の解説に記載したように，先頭2バイトに送信元のアプリケーションに対応するポート番号が，次の2バイトに宛先のアプリケーションに対応するポート番号が設定されます．

図に示すように，UDPのヘッダにも同じ位置に各ポート番号が設定されています．

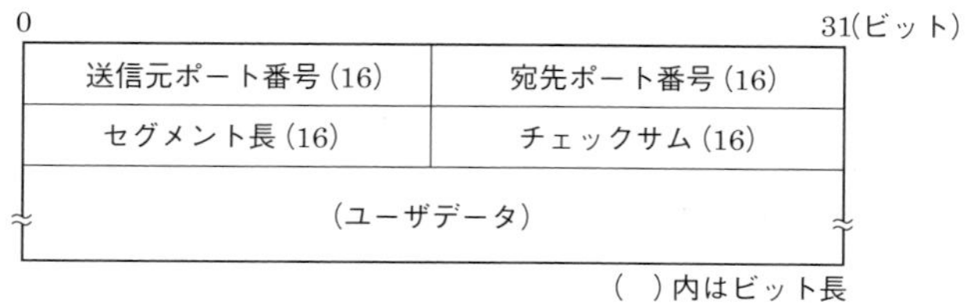

図　UDPヘッダの構成

【解答　②】

7-2 運用とサービス

出題傾向

検疫ネットワーク，クラウドコンピューティング，電子メール，マルチメディア・アプリケーション，ホスティング，リモートログインに関する問題が出されています．

問 1　検疫ネットワーク　☑☑☑　【R03-1 問 16】

社内ネットワークにパーソナルコンピュータ（PC）を接続する際に，事前に社内ネットワークとは隔離されたセグメントに PC を接続して検査することにより，セキュリティポリシーに適合しない PC を社内ネットワークに接続させない仕組みは，一般に，［　　　］システムといわれる．

① リッチクライアント　② シンクライアント
③ 検疫ネットワーク　④ 侵入検知
⑤ スパムフィルタリング

解説

検疫ネットワーク（quarantine network）は社内ネットワークとは隔離されたセグメントで，外部から持ち込んだ PC や携帯情報端末を社内ネットワークに接続する前に，社内のセキュリティポリシーに適合しているかをチェックするためのものです．社内ネットワークに接続しようとする PC は，まず検疫ネットワークでマルウェアの感染やセキュリティパッチの更新状況を検査され，問題なければ社内ネットワークへの接続が許可されます．

リッチクライアント（rich client）は，Web ブラウザで単純な Web ページを表示する方式を超える表現力や操作性を備えた機能を用いる方式です．専用のアプリケーションソフトウェアを利用する場合と Web ブラウザで高度な機能や拡張技術を用いる場合があります．

シンクライアント（thin client）は，利用者が操作する PC（クライアント）に最低限の機能しかもたせず，サーバで集中的にソフトウェアやデータなどの資源を管理する方式です．

社内ネットワークなどに設置され，不正アクセスやウイルスなどの外部からの

攻撃を検知するためのシステムを，**IDS**（Intrusion Detection System，侵入検知システム）といいます．**スパムフィルタリング**は，メール受信ソフトやメールサーバにおいて，迷惑メールや不要な広告メールを検出して，それらを削除したり専用の保管場所に移したりする機能です．

【解答　③】

問 2　**クラウドコンピューティング**　☑☑☑　【R02-2 問 12】

インターネットなどのネットワークを介してユーザにコンピューティングサービスを提供する形態であるクラウドコンピューティングにおいて，コンピュータ資源としてサーバなどのインフラ機能を提供するサービスは，［　　　　］といわれる．

①　PaaS　②　GRRF　③　IaaS
④　ZigBee　⑤　SaaS

解説

クラウドコンピューティングにはSaaS，PaaS，IaaSなどといったサービス

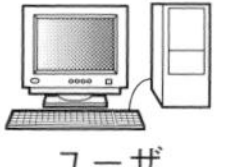	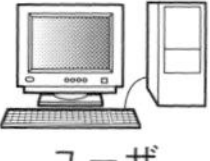	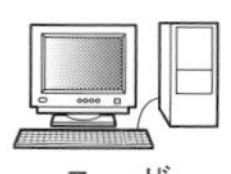
ユーザ	ユーザ	ユーザ
アプリケーション	アプリケーション（ユーザが管理）	アプリケーション（ユーザが管理）
ミドルウェア	ミドルウェア	ミドルウェア（ユーザが管理）
OS	OS	OS（ユーザが管理）
物理サーバ（CPU，メモリ，ストレージなど）	物理サーバ（CPU，メモリ，ストレージなど）	物理サーバ（CPU，メモリ，ストレージなど）
ネットワーク	ネットワーク	ネットワーク
SaaS	PaaS	IaaS

（網掛け）ユーザが管理　（白）クラウドサービス事業者が提供

図　クラウドコンピューティングの種類

の種類があります（図参照）．**SaaS**（Software as a Service）では，一般に，クラウド事業者がアプリケーションをクラウドサービスとしてクラウド利用者に提供します．**PaaS**（Platform as a Service）は，クラウド事業者がアプリケーションの実行環境（ソフトウェアを構築及び稼動させるための土台となるプラットフォーム）を提供するサービスです．**IaaS**（Infrastructure as a Service）では，クラウド事業者がCPU，メモリ，ストレージ，ネットワークなどのハードウェア資源をクラウドサービスとしてクラウド利用者に提供します．

ZigBeeは，センサーネットワークでの利用を目的とした通信規格です．

【解答　③】

問3	**ホスト名とIPアドレスの対応** ☑☑☑	【R02-2 問13（H28-2 問13）】

インターネット上におけるホスト名とIPアドレスを対応づける仕組みは，［　　　］といわれる．

① TCP/IP　② DBMS　③ NIC
④ SMTP　⑤ DNS

解説

インターネットのホスト名は，インターネットのユーザが通信相手を指定するために使用されます．**ホスト名**の例を**図**に示します．

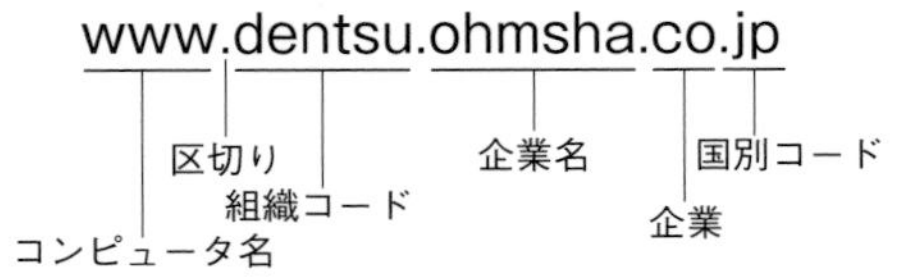

図　ホスト名の例

通信相手に送信されるパケットにはIPアドレスが設定されますが，ホスト名をIPアドレスに対応させるシステムを**DNS**（Domain Name System）といいます．また，ホスト名とそれに対応するIPアドレスを管理しているサーバをDNSサーバといいます．ユーザが通信を行うときは，通信相手のホスト名を指定してDNSサーバにIPアドレスを問い合わせます．

【解答　⑤】

問 4	電子メールのプロトコル ☑☑☑	【R01-2 問 16（H25-2 問 16）】

インターネットやイントラネットにおいて，ユーザが電子メールを送信するとき又はメールサーバ間で電子メールを転送するときに使われるプロトコルは，[　　　　]といわれる．

① POP3　② IMAP　③ SMTP
④ SNMP　⑤ FTP

解説

電子メールを送受するためのプロトコルには次の二つがあります．

① ユーザによるメール送信またはメールサーバ間のメール転送に使用されるプロトコル

② ユーザがメールサーバからメールを受信するためのプロトコル

図は，ユーザとメールサーバ間のメールの送受信の関係と使用されるプロトコルを示します．

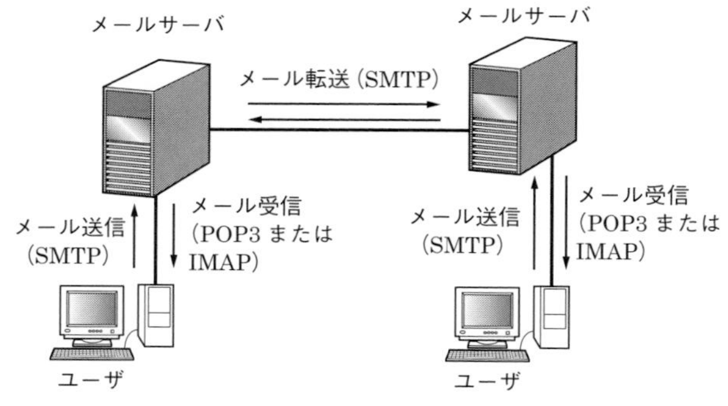

図　電子メールの送受信とプロトコル

電子メールのプロトコルでは，ユーザからメールサーバへの送信，メールサーバ間のメール転送とも同じプロトコル **SMTP**（Simple Mail Transfer Protocol）が使用されます．ユーザ（メーラー）が電子メールを受信するプロトコルとしては，**POP3**（Post Office Protocol 3）または **IMAP**（Internet Message Access Protocol）が使用されます．

【解答　③】

7章 インターネット（TCP／IP）

注意しよう！

ユーザが使用するプロトコルでも，メール送信ではSMTPが使用される．POP3とIMAPはユーザがメールを受信するときだけに使用される．

問5　検疫ネットワーク　☑☑☑　【H31-1 問16】

検疫ネットワークの実現方式のうち，ネットワークに接続したパーソナルコンピュータ（PC）に検疫ネットワーク用の仮のIPアドレスを付与し，検査に合格したPCに対して社内ネットワークに接続できるIPアドレスを払い出す方式は，一般に，［　　　］方式といわれる．

① パーソナルファイアウォール　② ゲートウェイ
③ 認証スイッチ　④ パケットフィルタリング
⑤ DHCPサーバ

解説

検疫ネットワークは，事前の検査でマルウェアに感染したPCや最新のセキュリティパッチが当てられていないPCを社内ネットワークなどにアクセスさせないようにするためのシステムです．社内ネットワークに接続しようとするPCは，**DHCPサーバ**により，検疫ネットワーク用の仮のIPアドレスが付与され，検査に合格すると社内ネットワークに接続できるIPアドレスが付与されます．

パーソナルファイアウォールは，PCにインストールされたファイアウォールの機能をもつソフトウェアです．検疫サーバと連動させて検疫を行います．

ネットワーク上に設置される**ゲートウェイ**で検疫を行う場合，リモートからのアクセス時にはVPN機器を，ローカル環境ではルータなどの機器を使います．

IEEE 802.1X認証に対応しているスイッチ（認証スイッチ）を利用してユーザ認証を行った後に検疫を実施する方式があります．ユーザ認証されたPCのみをネットワークに接続させるため安全性が高くなります．

パケットフィルタリングは，IPアドレスやポート番号の宛先/送信元を参照し，パケットの通過の可否を判断する機能です．

【解答　⑤】

問6　マルチメディア・アプリケーション ☑☑☑　【H30-2 問12】

IPをベースとしたパケット通信ネットワーク上で，音声とビデオなどのマルチメディア・アプリケーションを提供することを目的として標準化された仕組みは，［　　　］といわれる．

① ISUP　② ISP　③ ITU　④ IMS　⑤ TTC

解説

IMS（IP Multimedia Subsystem）は，パケット通信ネットワーク上で，音声とビデオなどのマルチメディア・アプリケーションを提供するための技術仕様を定めた規格です．異なるサービス間で共通して必要となる仕様を標準化したもので，セッション制御（加入者の識別やサービスへの接続・切断など），通信品質や優先度を保証するQoS（Quality of Service）制御，課金管理などの標準を定めています．3G/4G移動体通信ネットワークや固定系の**NGN**（Next Generation Network）などで利用されています．

ISUP（ISDN User Part）は，共通線信号方式の階層の一つです．**ISP**（Internet Service Provider）は，インターネット接続業者のことです．**ITU**（International Telecommunication Union，国際電気通信連合）は，国際連合の専門機関の一つで，電気通信や放送に関する標準化を行っています．**TTC**（Telecommunication Technology Committee，情報通信技術委員会）は，日本国内の情報通信ネットワークに関する標準化を扱う標準開発機関です．

【解答　④】

問7　サーバの運用 ☑☑☑　【H30-2 問16】

より強固なセキュリティの確保などを目的に，情報通信事業者が設置し，提供しているサーバの一部又は全部を借用して自社の情報システムを運用する形態は，一般に，［　　　］といわれる．

① ハウジング　② ホスティング　③ ロードバランシング
④ アライアンス　⑤ システムインテグレーション

解説

サーバ管理を委託する形態として，大きく分けて**ホスティング**と**ハウジング**があります．ホスティングは，情報通信事業者のサーバの一部または全部を借用し，自社の情報システムとして使用する形態です．レンタルサーバなどが該当します．ハウジングは，自社でサーバの機材を用意し，それを情報通信事業者に預けて管理してもらう形態です．情報通信事業者は，サーバを置くスペースやバックボーン回線を提供します．

ロードバランシングは，同種の複数の機器やシステムの間で，負荷がなるべく均等になるように処理を分散して割り当てることです．**アライアンス**は，企業間の提携，合弁，協業など（また，そのような関係にある企業グループ）のことを意味します．**システムインテグレーション**は，ユーザの情報システムの企画，設計，開発，導入，保守，運用などを一貫して請け負うサービスのことです．

【解答　②】

問 8	リモートログイン ☑☑☑	【H30-1 問 16（H25-1 問 16）】

インターネットやイントラネットなどの IP ネットワークで利用されるプロトコルのうち，ホストコンピュータにリモートログインし，遠隔操作ができる仮想端末機能を提供するプロトコルは，［　　　］といわれる．

① SMTP　② HTTP　③ SIP
④ TELNET　⑤ SNMP

解説

離れた場所に設置されたホストコンピュータにリモートログインし，遠隔操作を行うためのプロトコルは TELNET です．**TELNET** では，TCP のコネクションを設定して，相手先のコンピュータにコマンド（文字列）を送信し，そのコンピュータのアプリケーションなどを実行させます．

覚えよう！
セキュリティの確保のため，リモートログインでは SSH の使用が多くなっています．

なお，TELNET のほかに，リモートログインを行うためのプロトコルとして，**SSH**（Secure Shell）があります．TELNET では通信データとパスワードは暗号化されませんが，SSH では暗号化され，セキュリティの高い通信が行えます．

【解答　④】

7-3 IP電話

出題傾向

公衆電話網とIP電話網の相互接続やリアルタイムプロトコルに関する問題が出されています.

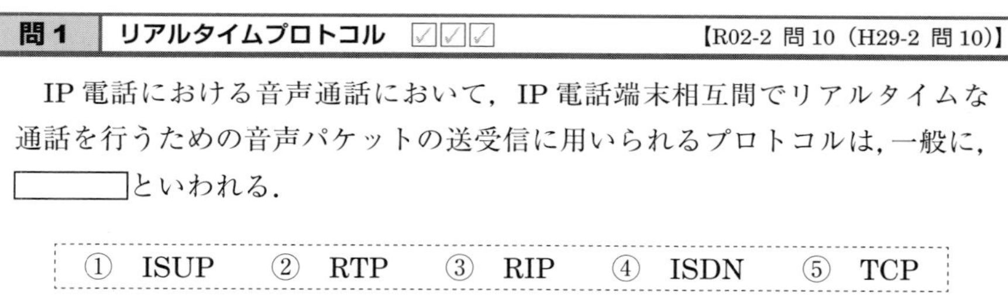

問1　リアルタイムプロトコル　☑☑☑　【R02-2 問10（H29-2 問10）】

IP電話における音声通話において，IP電話端末相互間でリアルタイムな通話を行うための音声パケットの送受信に用いられるプロトコルは，一般に，［　　　］といわれる.

① ISUP　② RTP　③ RIP　④ ISDN　⑤ TCP

解説

図にIP電話の音声パケットの構成を示します．IP電話端末相互間でリアルタイムな通話を行うための音声パケットの送受信には，ネットワーク層のプロトコルとしてIPが，トランスポート層のプロトコルとしてUDPが使用されます．また，UDPの上位プロトコルとして**RTP**（Real-time Transport Protocol）が使用されます．RTPのヘッダには，着側で音声の再生タイミングを発側に合わせるためのタイムスタンプ（時刻情報），音声パケットの送信順序の識別のためのシーケンス番号，送信元の識別子などが設定されます.

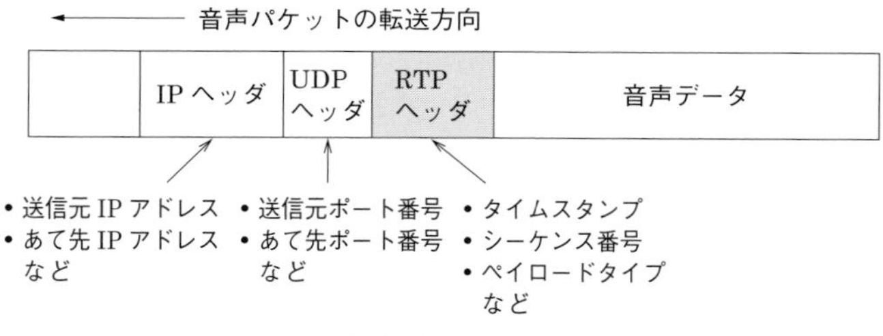

図　音声パケットの構成

ISUP（ISDN User Part）は，共通線信号方式の階層の一つです．**RIP**（Routing Information Protocol）は，IPネットワークで用いられるルーティングプロトコルの一つです．**ISDN**（Integrated Services Digital Network）は，公衆通信網の一つで，すべての通信をデジタル化し，一つの回線網で音声通話やFAX，データ通信などを統合的に取り扱うものです．**TCP**は，IPネットワークのトランスポート層のコネクション型のプロトコルで，信頼性は高いですがリアルタイム処理には適していません．

【解答 ②】

問2　公衆交換電話網との接続　☑☑☑　【R01-2 問15（H28-1 問15，H26-1 問15）】

公衆交換電話網（PSTN）とIP電話網の相互接続において，PSTNで使用している共通線信号とSIPで使用している呼制御信号との交換は，一般に，［　　　］といわれる装置で行われる．

① ゲートウェイ　② SIPサーバ　③ プロキシサーバ
④ ADM　⑤ ATM

解説

公衆交換電話網（PSTN）とIP電話網の相互接続において，PSTNで使用している共通線信号とSIPで使用している呼制御信号の変換は，一般に，ゲートウェイといわれる装置で行われます．

POINT
異なるネットワークの接続点に置かれ，データの中継や制御信号の変換を行う装置は，一般にゲートウェイと呼ばれる．

プロキシサーバは，IP電話網内で呼制御信号の中継を行う装置です．**SIPサーバ**はIP電話網内で，呼制御やユーザ情報の管理を行うサーバの総称で，**プロキシサーバ**，ユーザの要求に応じてIPアドレスや位置情報などのユーザ情報の登録・更新を行う**レジストラ（登録サーバ）**，レジストラの指示によってユーザ情報を格納する**ロケーションサーバ**，呼接続要求を出したユーザに移動先のアドレスを通知する**リダイレクトサーバ**からなります．

ATMは電話網と関係があります．

【解答 ①】

問 3 **呼制御** ☑☑☑ 【H30-2 問 10（H27-1 問 10，H24-2 問 10）】

VoIP において，IP 電話の発信者からの要求に応じた着信先の指定や，音声信号を送受信するための呼制御信号の処理に用いられる技術は，一般に，［　　　］技術といわれる．

① コーデック　② IP パケット処理　③ フロー制御
④ シグナリング　⑤ ルーティング

解説

IP 電話のプロトコルは，大きく次の二つに分類されます．

- **メディアストリーム・プロトコル**：ユーザの会話で送受される音声を伝送するためのプロトコルです．
- **シグナリング・プロトコル**：IP 電話を実行するために必要な信号（シグナリング情報）を送受するためのプロトコルです．信号として，通信相手と接続するための呼制御信号，通信を行うユーザのネームや IP アドレスを登録するための信号，端末間で通信機能・パラメータを通知し合って調整するための信号などが含まれます．

コーデックは，信号やデータを符号化･復号する装置やソフトウェアのことです．**フロー制御**は，データ通信においてデータの紛失を避けるために，通信状況に応じて送信の一時中断や速度制限などの調整を行うものです．**ルーティング**は，ネットワーク上でデータを送信・転送する際に，宛先の情報をもとに適切な送出先の経路を決めることです．IP ネットワークでは，パケットの転送先を決定することになります．

【解答　④】

問4 **呼制御信号の転送** ☑☑☑ 【H30-2 問15（H25-1 問15）】

固定電話からIPネットワークを中継網として使用するH.323によるIP電話において，発信側のVo IPゲートウェイと着信側のVoIPゲートウェイ間の呼制御信号は，［　　　］を用いて送受信される.

① UDP　② RTP　③ TCP　④ FTP　⑤ ICMP

解説

IP電話では，転送する情報に応じて，トランスポート層のプロトコルとしてTCPまたはUDPが使用されます．H.323の呼制御信号の転送では，確実に相手に情報を届けることが必要とされるため，信頼性の高い通信が可能なTCPが使用されます．

一方，ユーザの会話で送受される音声や映像のデータは，短い伝送遅延で（一般に片方向で150〔ミリ秒〕以内）相手に伝える必要があるため，信頼性は劣りますが遅延の小さいUDPが使用されます．

POINT
定められた範囲内の短い伝送遅延で音声や映像をやり取りすることを「リアルタイム通信」という.

RTP（Real-time Transport Protocol）は，音声や動画などをリアルタイムに伝送するためのプロトコルで，UDPの上位プロトコルです．**FTP**（File Transfer Protocol）は，ファイル転送を行うためのプロトコルでTCPの上位プロトコルです．**ICMP**（Internet Control Message Protocol）は，IPネットワークの制御や通信状態の調査などを行うためのもので，IPと同じネットワーク層のプロトコルになります.

【解答　③】

8章 電力設備

本章の出題項目

8-1　電源設備
8-2　その他

8-1 電源設備

出題傾向

電力設備に関する問題は毎回 1 問ずつ出題されています．そのうち，三相変圧器，アクティブフィルタ，スイッチングレギュレータなどの電源回路に関する問題が比較的多く出されています．

問 1　**雑音抑制**　☑☑☑　【R03-2 問 19（H30-1 問 19，H25-1 問 19）】

電力設備において，高調波雑音の発生を抑制し，設備の入力力率を改善するために，トランジスタなどの能動素子で構成された［　　　　］が用いられることがある．

① プッシュプルコンバータ　② サージアブソーバ
③ アクティブフィルタ　④ シリコンドロッパ
⑤ スナバ回路

解説

電力会社が供給する商用電源の周波数は，東日本では 50〔Hz〕，西日本では 60〔Hz〕ですが，この周波数の正弦波を**基本波**といいます．**高調波**とは，電力システムの中で生じるひずんだ波形の交流電圧・電流に含まれる基本波以外の周波数成分で，基本波の整数倍の周波数を持ちます．このような高調波は，交流－直流変換を行う整流回路などで発生します．

高調波が発生すると，力率が低くなり，実際に消費される電力より皮相電力が大きくなるため入力電流が増加し，配電設備が有効に活用できなくなります（力率と皮相電力については 1-5 節 問 3 を参照）．また，コンデンサの破損，電力量計の誤差の発生，スイッチング電源の誤動作などを起こし，電力システムに悪影響を及ぼします．

このため，高調波の発生を抑制する仕組みが必要となりますが，この一つとしてアクティブフィルタがあります．**アクティブフィルタ**では，電流波形を正弦波状にして力率を改善し，高調波の発生を抑制します．

【解答　③】

問 2	**スイッチングレギュレータ** ☑☑☑ 【R01-2 問 19（H26-1 問 19）】

スイッチングレギュレータは，トランジスタを D 級増幅で動作させるためトランジスタでの内部損失を低減でき，シリーズレギュレータと比較して変換効率が高いが，応答速度が遅い，［　　　］といった特徴を有しており，通信機器用の安定化電源として用いる場合はこれらの特徴を考慮する必要がある．

① 出力電圧が可変にならない
② 入出力間の絶縁をすることが不可能である
③ 高周波雑音が発生しやすい
④ 小型化が図れないため電源設備が大きくなる
⑤ 出力電圧の偏差検出回路を持たないため安定した出力電圧を得にくい

解説

スイッチングレギュレータとは，直流電圧を異なる大きさの直流電圧に変換する DC－DC コンバータの一方式です．

出力電圧を監視しながらスイッチング素子のオン・オフ時間を制御することにより，入力電圧を所望の出力電圧に変換することができます．たとえば，所望の値よりも出力電圧が高くなれば，スイッチング素子をオフにし，逆に低くなった場合，スイッチング素子をオンにします．

スイッチングレギュレータの利点はシリーズレギュレータに比べ変換効率が高いことです．一方，通信機器用の電源に使用する場合，シリーズレギュレータに比べ次の点が劣っています．

- スイッチング動作などの時間遅れと，制御の安定性確保のために応答速度が遅い．
- 変換時にスイッチング素子によって直流電力が細かくオン・オフされるため，出力電圧に比較的大きな交流成分がのり，高周波雑音が発生しやすい．

【解答　③】

問3	三相変圧器 ☑☑☑	【H31-1 問19（H28-2 問19，H25-2 問19）】

三相変圧器の結線方法には，Y結線と△結線がある．このうち，Y結線の巻線の1相当たりの電圧が各相とも同じ電圧のとき，線間電圧は相電圧の［　　］倍である．

① $\frac{1}{3}$　② $\frac{1}{2}$　③ $\frac{1}{\sqrt{3}}$　④ $\frac{1}{\sqrt{2}}$　⑤ $\sqrt{3}$

解説

平行磁界中に同一巻数のコイル3組を互いに120〔°〕ずつずらして配置し回転させると，各コイルに大きさが等しく，位相の差が120〔°〕の正弦波の起電力（**三相交流**）が発生します．各相の起電力と周波数が等しく，**各相の負荷がすべて等しい回路を平衡三相回路**といいます．Y（スター，ワイ）結線の場合の平衡三相回路の構成を**図1**(a)に，この回路における相電圧と線間電圧の関係を図1(b)に示します．

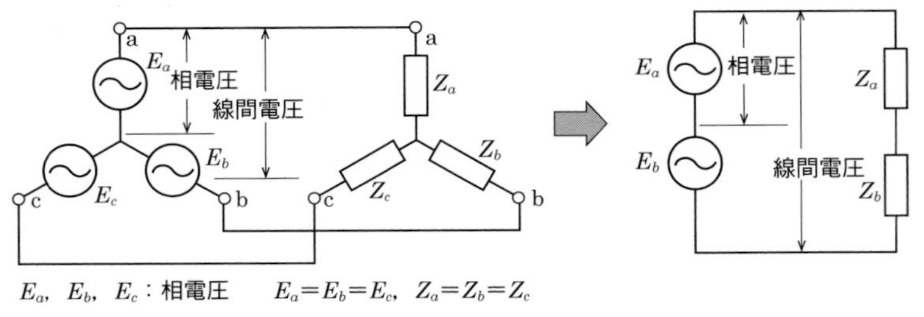

(a) 平衡三相回路　(b) 相電圧と線間電圧の関係

図1　平衡三相回路と電圧

POINT
E_a と E_b の和は位相差を考慮しベクトル和として求める．

図2に示すように，相電圧 E_a と E_b の位相差が120〔°〕であるため，線間電圧は

$$E_a - E_b = 2E\cos\left(\frac{\pi}{6}\right) = 2E \times \frac{\sqrt{3}}{2} = \sqrt{3}E$$

となります．つまり，Y結線の巻線の一相当たりの電圧が，各相とも同じ場合，線間電圧は相電圧の $\sqrt{3}$ 倍になります．

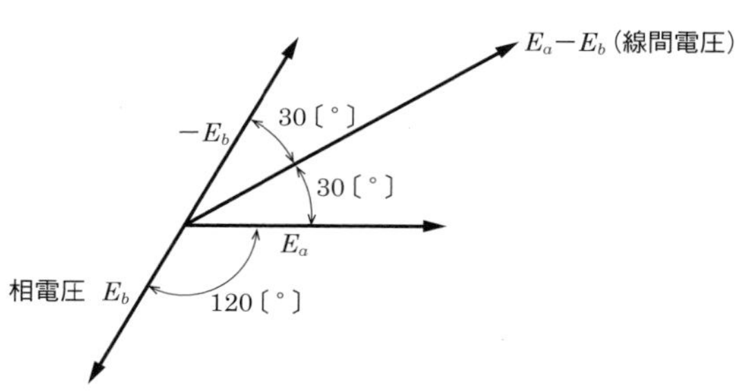

図 2　線間電圧の大きさ

【解答　⑤】

覚えよう！

Y結線では線間電圧は相電圧の $\sqrt{3}$ 倍だが，線間電流と相電流は等しくなる．

問 4　直流電源（DC―DC コンバータ）　【H29-2 問 19（H26-1 問 19）】

パワートランジスタなどをオン・オフ動作させ，そのオンとオフの時間幅を調整しながら，直流入力電圧をパルス状の電圧に変換し，これを平滑化して安定した直流出力電圧を得る電源装置は，［　　　］といわれる．

① シリーズレギュレータ　② サイクロコンバータ
③ スイッチングレギュレータ　④ シャントレギュレータ
⑤ マトリックスコンバータ

解説

パワートランジスタなどをオン・オフ動作させ，そのオンとオフの時間幅を調整しながら，直流入力電圧をパルス状の電圧に変換し，これを平滑化して安定した直流出力電圧を得る電源装置は，スイッチングレギュレータといわれます．

スイッチングレギュレータは，直流電圧を異なる大きさの直流電圧に変換する**DC－DC コンバータ**の一方式です．出力電圧を監視しながらスイッチング素子のオン・オフ時間を制御することにより，入力電圧を所望の出力電圧に変換することができます．たとえば，所望の値よりも出力電圧が高くなれば，スイッチング素子をオフにし，逆に低くなった場合，スイッチング素子をオンにします．

本節 問 2 の解説も参照してください．

【解答　③】

問5	無停電交流電源装置 ☑☑☑	【H29-1 問19】

通信システムに用いられる無停電交流電源装置（UPS）の基本的な構成要素は，［　　　］である．

① 整流装置及びスイッチングレギュレータ
② 整流装置，コンバータ及び蓄電池
③ 整流装置，インバータ及び蓄電池
④ 太陽電池，コンバータ及び蓄電池
⑤ ブースタコンバータ及びスイッチングレギュレータ

解説

UPSの基本的な構成要素として，整流器，インバータおよび蓄電池（バッテリ）が挙げられます．UPSには，さまざまな方式がありますが，高い信頼性が要求される通信システムで使用される常時インバータ方式では**図**のように動作します．

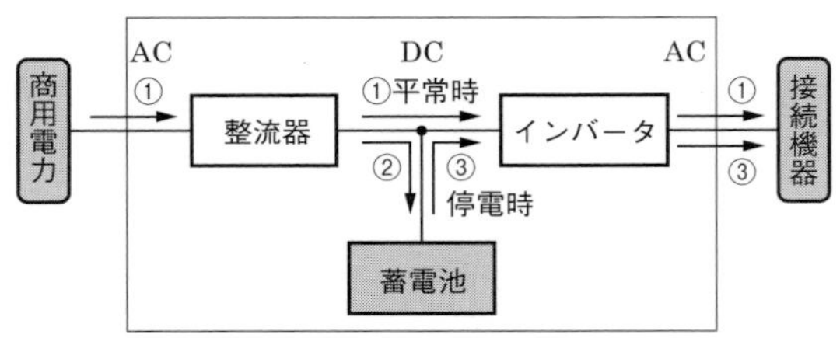

図　常時インバータ方式

① 商用電源正常時には，整流器（AC → DC 変換），インバータ（DC → AC 変換）を通して接続機器に電力を供給する．
② 整流器により商用の交流電力を直流電力に変換し，蓄電池を充電する．
③ 商用電源に停電が発生したとき，蓄電器に蓄えられている電力をインバータで交流電力に変換して接続機器に提供する．

【解答　③】

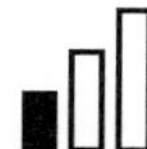

8-2 その他

出題傾向

接地方式や漏電遮断器，電力システムの運転方式に関する問題が出されています．

問 1　**保護装置**　　【R04-1 問 19（H28-1 問 19）】

交流の低圧電路の地絡事故を検出して自動的にその電路を遮断するための装置は，［　　　］である．

① 真空遮断器　② 配線用遮断器　③ 漏電遮断器
④ 過電流継電器　⑤ 断路器

解説

地絡とは，大地に対して電位を持つ電気回路の一部が大地と導体でつながることです．これによって，電路や機器に危険な電流が流れるような異常な状態になることを**地絡事故**といいます．地絡を生じると，感電や電力設備の損傷などを起こすことがあります．この保護対策として，機器の外箱には接地が施され，低圧電路には漏電遮断器などが設置されます．漏電遮断器には，配線用遮断器の機能に加え，地絡電流を検知して遮断器を引き外す装置などが組み込まれています．

【解答　③】

問2　電力システムの運転方式 ✓✓✓　【R03-1 問19（H30-2 問19，H27-1 問19）】

電力需要の変動に対応し，商用受電電力の低減と電気料金の削減を目的に，受電電力が契約電力を超えないように常用発電設備を運転する方式は，[　　　　]方式といわれる．

① 電力貯蔵　② ベースロード運転　③ デマンド制御
④ 逆潮流制御　⑤ ピークカット運転

解説

電力需要が時間帯により大きく変動する場合，商用受電契約電力の低減と電気料金の削減を目的に，電力需要のピークに合わせて常用発電設備を運転させて，商用受電電力をできるだけ一定にする方式は，**ピークカット運転方式**といいます．

常用発電設備とは常時発電を行う自家発電設備で，これを運転することにより商用受電電力を減らす．

デマンド制御とは，需要家自身が使用する電力量を監視し，デマンドが契約電力を超えないように負荷設備を制御することです．デマンド制御装置を設置し，契約電力が超過しそうになった場合，消灯や空調の制御により，エネルギーの使用を抑えます．需要家の電力消費を抑えるようにするために使用されます．

逆潮流制御とは，需要家側で，太陽光発電などの余った電力を電力会社に提供するための制御です．

ベースロード運転方式とは，電力の出力を終日一定させる運転方法です．たとえば，従来，終日一定の電力を供給する原子力発電によりベースロード運転を行い，昼間の電力消費の多いときには火力発電で電力を増やすことを行ってきました．また，ベースロード運転で夜間の余った電力を蓄電池で保存して昼間使用する方法もあります．

【解答　⑤】

令和４年度第２回試験問題にチャレンジ！

次の問１から問20までについて，それぞれ［　　　］内に最も適したものを，各問いの①〜⑤の中から一つ選び，その番号を記せ．　（5点×20＝100点）

問１　無線通信，光通信などの電磁波の伝搬において非可逆回路として動作するアイソレータには，電磁波が磁界内に置かれた媒質を通過する際に偏波面が回転する現象である［　　　］を応用したものがある．

①　ペルチェ効果　②　誘導ラマン散乱　③　ファラデー効果
④　ゼーベック効果　⑤　フレネル反射

問２　図に示す回路において，スイッチＳの開閉にかかわらず全電流 I が８〔A〕であるときは，抵抗 R_1 及び R_2 の組合せは，［　　　］である．ただし，電池の内部抵抗は無視するものとする．

①　3〔Ω〕及び9〔Ω〕　②　4〔Ω〕及び12〔Ω〕　③　5〔Ω〕及び15〔Ω〕
④　6〔Ω〕及び18〔Ω〕　⑤　7〔Ω〕及び21〔Ω〕

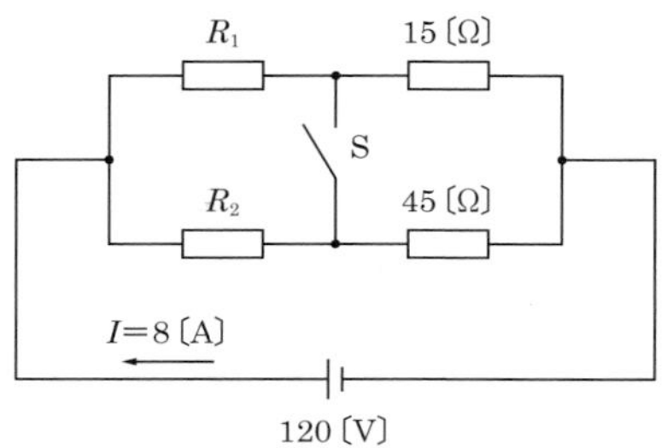

問３　ダイオードの種類，特徴などについて述べた次の文章のうち，<u>誤っているもの</u>は，［　　　］である．

①　ツェナーダイオードは，逆方向電圧を印加することにより，広い電流範囲で定電圧を保持する特性を持つ．
②　アバランシェフォトダイオードは，空乏層における格子原子の衝突電離

を連鎖的に繰り返すことにより，なだれ的に多数の電子を発生させ，光電流を増倍して出力する働きを持つ．

③　発光ダイオードは，pn 接合に順方向電圧を印加することにより，注入された電子と正孔が再結合し，余ったエネルギーを光として放出する．

④　トンネルダイオードは，負性抵抗領域を有するダイオードであり，スイッチング動作や増幅動作を行う素子として用いられる．

⑤　バラクタダイオードは，接合部におけるインダクタンスがバイアス電圧により大きく変化するダイオードであり，電子同調，周波数逓倍などに用いられる．

問 4　図に示す論理回路において，入力 a，入力 b 及び入力 c の論理レベルをそれぞれ A，B 及び C とし，出力 x の論理レベルを X とするとき，X をベン図の斜線部分で表示すると［　　　］となる．ただし，ベン図において，A，B 及び C は，それぞれ円の内部を表すものとする．

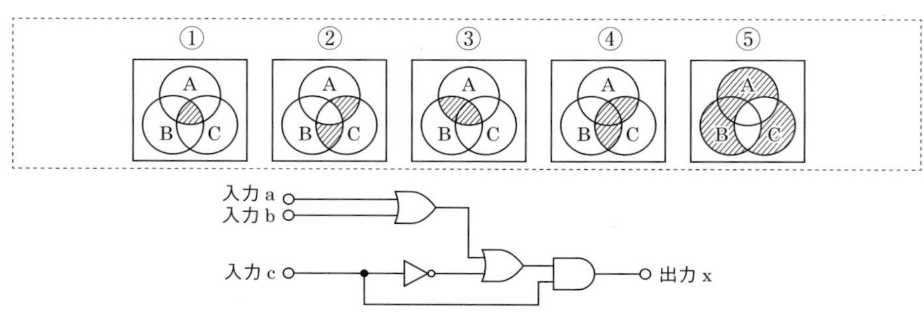

問 5　メタリックケーブルを用いてデジタル伝送を行う場合は，一般に，ユニポーラ（単極性）符号をバイポーラ（複極性）符号に変換して送出することが多い．これは，バイポーラ符号の平均電力スペクトルには［　　　］成分がないという利点を利用したものである．

①　直流　　②　交流　　③　雑音　　④　側波帯　　⑤　エネルギー

問 6　内部抵抗が 20〔kΩ〕で最大目盛が 5〔V〕の電圧計を用いて，最大目盛が 100〔V〕の電圧計として使うためには，［　　　］〔kΩ〕の倍率器を用い

ればよい．

① 100　② 360　③ 380　④ 400　⑤ 420

問７　通信系で発生する雑音のうち，熱雑音は，その振幅の確率密度が［　　］分布に従う．

① ガウス　② 一様　③ 指数　④ ２項　⑤ ポアソン

問８　伝送帯域幅とデータ伝送速度の関係を表す法則は，一般に，［　　］の定理といわれ，信号電力，雑音電力，使用する通信路の周波数帯域幅が決まると，その通信路で送れる最大伝送速度（通信容量）が計算できる．

① テブナン　② シャノン　③ ホール
④ ベルヌーイ　⑤ クーロン

問９　アナログ信号をデジタル信号に変換して伝送するデジタル伝送方式において，アナログ信号を標本化することにより得られる［　　］パルスは，アナログ信号波形の大きさを振幅で表している．

① PAM　② PWM　③ PPM　④ PFM　⑤ PCM

問 10　VoIP において，IP 電話の発信者からの要求に応じた着信先の指定や，音声信号を送受信するための呼制御信号の処理に用いられる技術は，一般に，［　　］技術といわれる．

① コーデック　② IP パケット処理　③ フロー制御
④ シグナリング　⑤ ルーティング

問 11　即時式完全線群において，ある回線群の運んだ呼量が 27〔アーラン〕であった．この回線群の呼損率が 0.1 であるとき，この回線群に加わった呼量は，［　　］〔アーラン〕である．

① 2.7	② 24.3	③ 27	④ 30	⑤ 270

問 12　インターネットのアクセス回線として電話共用型の ADSL サービスを利用する場合，音声信号とデータ信号の［　　　］を行うためにスプリッタが用いられている．

① 符号化・復号　② 等化増幅　③ 切替
④ 変調・復調　⑤ 分離・合成

問 13　広域イーサネットにおいて，［　　　］は，アクセス回線を通してユーザのトラヒックを収容する機能を持ち，ユーザトラヒックを該当のユーザポートから広域イーサネットに接続されている当該のユーザグループに転送している．

① コアスイッチ　② エッジスイッチ　③ ファイバチャネル
④ トランスポンダ　⑤ VoIP ゲートウェイ

問 14　IP ネットワークにおいて用いられる TCP では，受信側において受信データの順序整合，重複データの廃棄などが行えるよう，送信する TCP セグメントに［　　　］を付与している．

① シーケンス番号　② ポート番号　③ チェックサム
④ 緊急ポインタ　⑤ 確認応答番号

問 15　公衆交換電話網（PSTN）の信号方式において，交換機が着信側の端末を呼び出し中に，その端末の加入者線ループを検出したとき，発信側の端末に対して回線の極性を反転することにより送出する監視信号は，［　　　］といわれる．

① 起動信号　② 応答信号　③ 選択信号
④ 呼出信号　⑤ 起動完了信号

問 16　インターネット層における通信のセキュリティを確保するためのプロトコルである［　　　］の主な機能として，認証機能，データ暗号化機能及び鍵交換機能が挙げられる．

①　S－HTTP　②　PPTP　③　SSL　④　L2TP　⑤　IPsec

問 17　衛星通信では，遠方からの微弱な電波を増幅する必要があるため，受信機の初段に設けられる低雑音増幅器の素子として，［　　　］が用いられる．

①　EDFA（Erbium Doped Fiber Amplifier）
②　TWT（Traveling Wave Tube）
③　GTO（Gate Turn-Off thyristor）
④　HEMT（High Electron Mobility Transistor）
⑤　IGBT（Insulated Gate Bipolar Transistor）

問 18　光ファイバ中における光の伝搬において，光の反射・屈折についての［　　　］の法則は，コアとクラッドの屈折率の差が大きいほど，光が全反射する入射角（コアとクラッドの境界面の法線と光のなす角）が小さくなることを示している．

①　ケプラー　②　ブラッグ　③　ヘンリー
④　スネル　⑤　プランク

問 19　三相変圧器の結線方法には，Y結線と△結線がある．このうち，Y結線の巻線の１相当たりの電圧が各相とも同じ電圧のとき，線間電圧は相電圧の［　　　］倍である．

①　$\frac{1}{3}$　②　$\frac{1}{2}$　③　$\frac{1}{\sqrt{3}}$　④　$\frac{1}{\sqrt{2}}$　⑤　$\sqrt{3}$

問 20　ノンスロット型の細径高密度光ファイバケーブルには，容易に形状を変形でき，心線接続時には並列形状に戻してテープ一括接続ができる［　　　］

型の光ファイバテープ心線が用いられている.

① 自己支持	② 層撚り	③ 間欠接着
④ コード集合	⑤ SZ 撚り	

令和4年度第2回試験試験問題解答・解説

【問1】 解答 ③ ファラデー効果

解説 同一の問題が平成30年度第1回試験に出されています．4-10節（「光通信」）の問4（「アイソレータ」）の解説を参照してください．

【問2】 解答 ③ 5〔Ω〕及び15〔Ω〕

解説 同一の問題が平成29年度第1回試験に出されています．1-2節（「合成抵抗」）の問7（「ブリッジ回路」）の解説を参照してください．

【問3】 解答 ⑤

解説

・①は正しい．ツェナーダイオード（Zener diode）は，定電圧ダイオードともいい，一定の電圧を得るために用いられます．

・②は正しい．アバランシェフォトダイオード（avalanche photodiode）は，アバランシェ増倍（空乏層における格子原子の衝突電離を連鎖的に繰り返すことで，なだれ的に多数の電子を発生させる）を利用して受光感度を上昇させたフォトダイオードです．

・③，④は正しい．

・バラクタダイオードは，端子間に加える電圧によって静電容量が変化するダイオードです．可変容量ダイオードや，バリキャップとも呼ばれています（⑤は誤り）．

【問4】 解答 ④ A・C＋B・C

解説 ほぼ同一の問題が平成29年度第2回試験に出されています．3-3節（「論理回路」）の問7（「論理回路の出力」）の解説を参照してください．

【問5】 解答 ① 直流

解説 同一の問題が平成30年度第2回試験に出されています．4-5節（「伝送路符号化」）の問2（「バイポーラ符号」）の解説を参照してください．

【問 6】 解答 ③ 380

解説 同一の問題が平成 31 年度第 1 回試験に出されています．2-2 節（「電圧計・電力計」）の問 1（「電圧計（倍率器による測定範囲の拡大）」）の解説を参照してください．

【問 7】 解答 ① ガウス

解説 同一の問題が令和 2 年度第 2 回試験に出されています．4-2 節（「雑音」）の問 3（「熱雑音」）の解説を参照してください（選択肢の順が異なることに注意）．

【問 8】 解答 ② シャノン

解説 類似した問題が平成 30 年度第 2 回試験に出されています．4-7 節（「アナログ伝送」）の問 4（「シャノンの定理」）の解説を参照してください（問題文，選択肢の一部が異なることに注意）．

【問 9】 解答 ① PAM

解説 同一の問題が平成 30 年度第 1 回試験に出されています．4-8 節（「デジタル伝送」）の問 7（「標本化」）の解説を参照してください．

【問 10】 解答 ④ シグナリング

解説 同一の問題が平成 30 年度第 2 回試験に出されています．7-3 節（「IP 電話」）の問 3（「呼制御」）の解説を参照してください．

【問 11】 解答 ④ 30

解説 同一の問題が平成 29 年度第 1 回試験に出されています．6-3 節（「トラヒック理論」）の問 10（「呼量」）の解説を参照してください．

【問 12】 解答 ⑤ 分離・合成

解説 同一の問題が平成 29 年度第 1 回試験に出されています．6-5 節（「アクセスシステム」）の問 4（「ADSL」）の解説を参照してください．

【問 13】 解答 ② エッジスイッチ

解説 同一の問題が令和元年度第２回試験に出されています．6-1 節（「広域イーサネット」）の問４（「広域イーサネットのスイッチ」）の解説を参照してください．

【問 14】 解答 ① シーケンス番号

解説 同一の問題が平成 30 年度第１回試験に出されています．7-1 節（「IP ネットワーク基本方式」）の問８（「TCP のフロー制御」）の解説を参照してください．

【問 15】 解答 ② 応答信号

解説 同一の問題が令和４年度第１回試験に出されています．6-2 節（「電話網と電話交換機」）の問２（「呼接続制御信号」）の解説を参照してください．

【問 16】 解答 ⑤ IPsec

解説

S-HTTP（Secure Hyper Text Transfer Protocol）は，暗号化をはじめとするセキュリティ機能を HTTP に付与するためのプロトコルです．同様のプロトコルとして，**SSL**（Secure Sockets Layer）を利用してデータの暗号化を行う **HTTPS** 方式があります．S-HTTP は送信データを暗号化してセキュリティを高めるのに対し，HTTPS は通信経路自体をセキュアにします．HTTPS が主流となって利用されており S-HTTP はほとんど使われていません．

PPTP（Point-to-Point Tunneling Protocol）は，IP ネットワークで，データを送受信する一対の機器間で通信を暗号化するためのプロトコルです．

L2TP（Layer 2 Tunneling Protocol）は，ネットワーク上の機器間に仮想的な伝送路（トンネル）を構築してデータを送受信するためのプロトコルで，VPN を構築するのに用いられます．リンク層（第２層/データリンク層）のプロトコルである PPP（Point-to-Point Protocol）のフレームをカプセル化します．IP ネットワークでは UDP によりデータを伝送します．

IPsec（Security Architecture for Internet Protocol）は，インターネットで暗号通信を行うためのプロトコル）の一つです．いくつかの要素技術の組合せとして実現されます．通信相手を確認して成りすましと通信途上での改ざんを防止するAH（Authentication Header），伝送するデータの暗号化を行うESP（Encapsulated Security Payload），公開鍵暗号を用いて安全に暗号鍵の交換・共有を行うIKE（Internet Key Exchange）などが使われます．またデータ部分のみを暗号化するトランスポートモードと，ヘッダとデータの両方を暗号化するトンネルモードがあります．

認証機能，データ暗号化機能および鍵交換機能をもつのはIPsecです．

【問17】 **解答** ④ HEMT

解説 同一の問題が平成30年度第2回試験に出されています．5-3節（「衛星通信」）の問2（「低雑音増幅器」）の解説を参照してください．

【問18】 **解答** ④ スネル

解説 スネルの法則は，波動の屈折現象に関わるもので，二つの媒質中の進行波の伝搬速度と入射角・屈折角の関係を表します．屈折の法則とも呼ばれます．

ケプラー，ブラッグ，ヘンリー，プランクの法則は，それぞれ，惑星の運動，X線の回折と反射，気体の溶解度，黒体放射のスペクトル，に関する法則です．

【問19】 **解答** ⑤ $\sqrt{3}$

解説 同一の問題が平成31年度第1回試験に出されています．8-1節（「電源設備」）の問3（「三相変圧器」）の解説を参照してください．

【問20】 **解答** ③ 間欠接着

解説

関連する問題が平成29年度第2回試験に出されています．4-9節（「光ファイバ」）の問9（「FTTH用ケーブル」）の解説も参照してください．

自己支持型の光ファイバは，支持線と光ファイバケーブルを間欠的に一体化したものです

光ファイバ心線は1本（心）のものを単心光ファイバ，4本（心）や8本（心）といった単心光ファイバを横に並べて複合，被覆したものをテープ心線といいます．光ファイバの単心線を間欠的に接着した構造で，中間で単心分離可能なテープ心線を間欠接着型光テープ心線といいます．

層撚りのケーブルは，中心材の周りを囲むように心線を束ね，外被で覆ったものです．

複数の光ファイバコード（光ファイバ（テープ）心線をさらに厚い被覆で覆ったもの）を集合したケーブルをコード集合型光ケーブルといいます．コネクタの取付けが容易で，屋内配線に適しています．

光ファイバケーブルを含めた電線は，可とう性（柔軟性）をもたせるために，複数の心線を撚り合わせて構成しています．撚る方向によって，S撚り，Z撚り，S撚りとZ撚りを合わせたSZ撚りがあります．SZ撚りは，ケーブルを切断せずに，光ファイバ心線を外部に出せる（中間分岐できる）ことが特徴です．

索　引

● ア 行 ●

● カ 行 ●

● サ 行 ●

● タ　行 ●

● ナ　行 ●

● ハ　行 ●

● マ 行 ●

● ヤ 行 ●

● ラ 行 ●

● 英 字 ●

〈編集協力〉
久保田　稔（データアクセス株式会社）
1980年　東京大学大学院工学系情報工学専門課程 修士課程修了
同　年　日本電信電話公社入社，NTT研究所（～2004年）
2004年　千葉工業大学教授（～2020年）
現　在　データアクセス株式会社取締役，千葉工業大学非常勤教員，博士（工学）

電気通信主任技術者試験
これなら受かる　電気通信システム（改訂3版）

2014年 9 月25日　第 1 版第1刷発行
2018年 4 月10日　改訂2版第1刷発行
2023年 4 月15日　改訂3版第1刷発行

編　　集　オーム社
発 行 者　村上和夫
発 行 所　株式会社 オーム社
郵便番号　101-8460
東京都千代田区神田錦町3-1
電話　03(3233)0641(代表)
URL　https://www.ohmsha.co.jp/

印刷・製本　三美印刷
ISBN978-4-274-23031-8　Printed in Japan